U0158735

人工智能与智能教育丛书 袁振国 / 主编

冯 翔 著

DIGITAL FOOTPRINT

数字足迹

教育科学出版社

·北 京·

出 版 人　李　东
责任编辑　何　艺
版式设计　私书坊　沈晓萌
责任校对　翁婷婷
责任印制　叶小峰

图书在版编目（CIP）数据

数字足迹 / 冯翔著. —北京：教育科学出版社，2021.12
（人工智能与智能教育丛书 / 袁振国主编）
ISBN 978-7-5191-2671-1

Ⅰ. ①数… Ⅱ. ①冯… Ⅲ. ①数字技术 Ⅳ. ①TP3

中国版本图书馆CIP数据核字（2022）第012387号

人工智能与智能教育丛书
数字足迹
SHUZI ZUJI

出版发行	教育科学出版社		
社　址	北京·朝阳区安慧北里安园甲9号	邮　编	100101
总编室电话	010-64981290	编辑部电话	010-64989336
出版部电话	010-64989487	市场部电话	010-64989009
传　真	010-64891796	网　址	http://www.esph.com.cn
经　销	各地新华书店		
制　作	北京思瑞博企业策划有限公司		
印　刷	北京联合互通彩色印刷有限公司		
开　本	720毫米×1020毫米　1/16	版　次	2021年12月第1版
印　张	8.75	印　次	2021年12月第1次印刷
字　数	76千	定　价	52.00元

图书出现印装质量问题，本社负责调换。

丛书序言

人类已经进入智能时代。以互联网、大数据、云计算、区块链特别是人工智能为代表的新技术、新方法，正深刻改变着人类的生产方式、通信方式、交往方式和生活方式，也深刻改变着人类的教育方式、学习方式。

人类第三次教育大变革即将到来

3000 年前，学校诞生，这是人类第一次教育大变革。人类开启了有目的、有计划、有组织的文明传递历史进程，知识被有效地组织起来，文明进程大大提速。但能够接受学校教育的人数在很长时间里只占总人口数的几百分之一甚至几千分之一，古代学校教育是极为小众的精英教育。

300 年前，工业革命到来。工业化生产向每个进入社会生产过程的人提出了掌握现代科学知识的要求，也为提供这种知识的教育创造了条件，这导致以班级授课制为基础的现代教育制度诞生。这是人类第二次教育大变革。班级授课制极大地提高了教育效率，使得大规模、大众化教育得以实现。但是，这种教育也让人类付出了沉重的代价，人类教育从此走上了标准化、统一化、单一化道路，答案标准、节奏统一、内容单一，极大地限制了人的个性化和自由性发展。尽管几百年来人们进行了各种努力，力图通过学分制、选修制、弹性授课制等多种方式缓解和抵消标准化班级授课制带来的弊端，但总的说来只是杯水车薪，收效甚微。

今天，网络化、数字化特别是智能化，为实现大规模个性化教育提供了可能，为人类第三次教育大变革创造了条件。

人工智能助力实现教育个性化的关键是智适应学习技术，它通过构建揭示学科知识内在关系的知识图谱，测量和诊断学习者的已有水平，跟踪学习者的学习过程，收集和分析学习者的学习数据，形成个性化的学习画像，为学习者提供个性化的学习方案，推送最合适的学习资源和学习路径。在反复测量、推送、跟踪学习、反馈的过程中，把握学习者的最近发展区[①]，为每个人提供最适合的学习内容和学习方式，激发学习者的学习兴趣和学习热情，使学习者获得成就感、增强自信心。

智能教育将是未来十年人工智能发展的"风口"

人工智能正在加速发展。从人工智能概念的提出，到

① 最近发展区理论是由苏联教育家维果茨基（Lev Vygotsky）提出的儿童教育发展观。他认为学生的发展有两种水平：一种是学生的现有水平，指独立活动时所能达到的解决问题的水平；另一种是学生可能的发展水平，也就是通过教学所获得的潜力。两者之间的差异就是最近发展区。教学应着眼于学生的最近发展区，为学生提供带有难度的内容，调动学生的积极性，使其发挥潜能，超越最近发展区而达到下一发展阶段的水平。

人工智能的大规模运用，花费了50年的时间。而从深蓝（Deep Blue）到阿尔法狗（AlphaGo），再到阿尔法虎（AlphaFold），人工智能实现三步跨越只用了22年时间。

1997年5月，IBM的电脑深蓝在一场著名的人机对弈中首次击败了国际象棋大师加里·卡斯帕罗夫（Garry Kasparov），证明了人工智能在某些情况下有不弱于人脑的表现。深蓝的主要工作原理是用穷举法，列举所有可能的象棋走法，并利用为加速搜索过程专门设计的“象棋芯片”，采用并行搜索策略进一步加速，在搜索广度和速度上战胜了人类。

2016年3月，谷歌机器人阿尔法狗第一次击败职业围棋高手李世石。阿尔法狗的主要工作原理是“深度学习”。深度学习是一种复杂的机器学习算法，它试图模仿人脑的神经网络建立一个类似的学习策略，进行多层的人工神经网络和网络参数的训练。上一层神经网络会把大量矩阵数字作为输入，通过非线性加权和激活函数运算，输出另一个数据集合，该集合作为下一层神经网络的输入，反复迭代构成一个“深度”的神经网络结构。深度学习本质上是通过大数据训练出来的智能，其最终目标是让机器能够像人一样具有分析学习能力，能够识别文字、图像和声音等数据。

2019年谷歌的阿尔法虎可以仅根据基因“代码”来预测生成蛋白质3D形状。蛋白质是生命存在的基础，和细胞组成内容息息相关。蛋白质的功能取决于它的3D结构，通过把基因序列转化为氨基酸序列，绘制出蛋白质最终的形状，是科学家一直在研究和探讨的前沿科学问题。一旦研究得出结果，将帮助我们解开生命的奥秘。阿尔法虎的工作原理是使用数千个已知的蛋白质来训练一个深度神经网络，利用该神经网络来预测未知蛋白质结构的一些关键参数，如氨基酸对之间的距离、连接这些氨基酸的化学键及它们之间的角度等，从而发现蛋白质的3D结构。

深蓝是经典人工智能的一次巅峰表演，通过算法与硬件的最佳结合，将传统人工智能方法发挥到极致；阿尔法狗是新兴的深度学习技术最具成就的一次展示，是人工智能技术的一次质的飞跃；阿尔法虎则是新兴深度学习技术在应用上的一次突破，超乎想象地完成了人难以完成的蛋白质结构学习这个生命科学领域的前沿问题。从深蓝到阿尔法狗用了近20年时间，从阿尔法狗到阿尔法虎只用了3年时间。人工智能技术更新迭代的速度越来越快，人工智能应用场景也从棋类等高级智力游戏向生物医学等科学前沿转变，这将从方方面面影响甚至改变人类生活。随着人工智能从感知智能向认知智能发展，从数据驱动向知识与数据联合驱动跃进，人工智能的可信度、可解释性不断提高，应用的广度和深度无疑将会得到难以想象的拓展。

教育是人工智能应用的最重要和最激动人心的场景之一，正在成为人工智能的下一个“风口”。国家主席习近平向2019年在北京召开的国际人工智能与教育大会所致贺信中指出：“中国高度重视人工智能对教育的深刻影响，积极推动人工智能和教育深度融合，促进教育变革创新，充分发挥人工智能优势，加快发展伴随每个人一生的教育、平等面向每个人的教育、适合每个人的教育、更加开放灵活的教育。”同年10月，中共十九届四中全会通过了《中共中央关于坚持和完善中国特色社会主义制度推进国家治理体系和治理能力现代化若干重大问题的决定》，明确提出在构建服务全民终身学习的教育体系中，应发挥网络教育和人工智能优势，创新教育和学习方式，加快发展面向每个人、适合每个人、更加开放灵活的教育体系。把握历史机遇，抢占人工智能高地，引领人类第三次教育变革，时不我待。

智能教育前景无限、任重道远

人工智能在教育场景的应用，与工业、金融、通信、交通等场景不同，与医疗、司法、娱乐等场景也有显著的不同，它作用的对象是人，是人的思想、感情、人格，因而不仅仅要提高效率、赋能教育，更要关注教育的特殊性，重塑教育。但到目前为止，人工智能在教育中的运用尚停留于教育的传统场景，是以技术为中心，是对现有教育效能的强化，对现有教育效率的提高。至于现有教育效能是否需要强化，现有教育效率是否需要提高，尚缺乏思考，更缺少技术应对。我把目前这种状态称为“人工智能+教育”。而我们更需要的是基于促进人的发展的需要的智能教育，是以人的发展为中心，以遵循教育规律为旨归，它不仅赋能教育，更是重塑教育，是创设新的教育场景，促进教育的变革，促进人的自由的、自主的、有个性的发展，我把它称为“教育+人工智能”。

智适应学习的研究和运用目前也尚处于知识教学的层面，与全面育人的理念和教育功能相差甚远。从知识学习拓展到能力养成、情感价值熏陶，是更大的目标和更大的挑战。研发3D智适应学习系统，即通过知识图谱、认知图谱、情感图谱的整体开发，实现知识、能力、情感态度教育的一体化，提供有温度的智能教育个性化学习服务。促进学习者快学、乐学、会学，促进学习者成长、成功、成才，是“教育+人工智能”的出发点，也是华东师范大学上海智能教育研究院的追求目标。

培养智能素养，实现人机协同

人工智能不仅正进入各行各业，深刻改变所有行业的面貌，而且影响到我们每个人的生活；不仅为智能教育的发展创造了条件，也提出了提高教师运用智能教育技术改进教学方式的能力的要求，提出了提高全民智能素养的要求。关键的一点是学会人机协同。在智能时代，能否人机互动、人机协同，直接关系到一个人的工作效能，关系到学生学习、教师教学的效能和价值，也关系到每个人的生活能力和生活质量。对全体国民来说，提高智能素养，了解人工智能的基本原理、功能和产品使用，就如同工业革命到来以后，了解现代科学的知识一样，已成为每个公民的必备能力和基本素养。为此，我们组织编写了这套“人工智能与智能教育丛书”。

本丛书聚焦人工智能关键技术和方法，及其在教育场景应用的潜在机会与挑战，提出智能教育的未来发展路径。

为了编写这套丛书，我们组建了多学科交叉的研究团队，吸纳了计算机科学、软件工程、数据科学、心理科学、脑科学与教育科学学者共同参与和紧密结合，以人工智能关键技术为牵引，以教育场景应用为落脚点，力图系统解读人工智能关键技术的发展历史、理论基础、技术进展、伦理道德、运用场景等，分析在教育场景中的应用形式和价值。

本丛书定位于高水平科学普及，人人需看；秉持基础性、可靠性、生动性，从读者立场出发，理论联系实际，技术结合场景，力图通俗易懂、生动活泼，通过故事、案例的讲述，深入浅出、图文并茂地讲清原理、技术、应用和前景，希望人人爱看。

组织和参与这样一个跨越多学科的工程，对我们来说还是第一次尝试，由于经验和能力有限，从丛书整体策划到每一分册的写作，一定都存在许多不足甚至错误，诚恳希望读者、专家提出批评和改进建议。我们将不断更新迭代，使之不断完善。

华东师范大学上海智能教育研究院院长　袁振国

2021 年 5 月

目　录

关键技术速查表

（按拼音顺序）

引　子

今天，人类和网络正在高度融合。中国互联网络信息中心（CNNIC）发布的《第47次中国互联网络发展状况统计报告》显示，截至2020年12月，我国网民规模达9.89亿人，人均每周上网时长为26.2小时。也就是说，我国网民人均每天上网时长达3.74小时，如果按照工作日计算，平均每天为5.24小时。

这是相当令人震撼的数字，因为我国《劳动法》规定劳动者平均每周工作时间不超过44小时，每日不超过8小时！这就意味着除掉睡觉时间、吃喝拉撒时间，我们把相当一部分时间都给了互联网。每天的这5.24小时，除了在线电影这种占用较长时间的活动之外，剩下的主要是由不断的交互动作和事件串联起来的碎片化时段。这一连串的交互动作和事件就是我们数字足迹的初始来源。

今日社会如此特别。特别之处在于，我们有了另一个“自己”，我们姑且称之为“数字我”，这是为了叙述方便而使用的一个词。数字我是由数字足迹所刻画的。当我们讨论数字我的时候，实际上就是在讨论数字足迹 。

数字我不是完整的您。因为现阶段的数字足迹还无法完整地刻画您；确切地说，由数字足迹刻画的数字我有很多很多，今日开个账号就有了一个，明日可能又有了两个，……每一个都跟您保持千丝万缕的联系，既可以为您带来便捷，也可以给您带来烦恼。比如，一方面，有了数字我，您可以方便地获得各种商品推荐；另一方面，我们不得不承认，在当今社会，数字我可能已经被当作商品了。

按照经济学和会计学的定义，商品或物品、货物，是一种用于满足购买者欲望和需求的产品，同时提供效用。那么，这里的购买者又是谁？很奇怪，数字我可以在网络中的任何“地点”出现，这跟我们可不一样，我们无法在全世界的任何地方出现。因此，要小心地刻画您自己的数字我，也就是要关心您的数字足迹。

您的数字足迹是数字商品，本质上是数据。数字足迹被用来进行各种各样的计算（由人工智能来计算），它们是人工智能的“数字石油”。人工智能输出的是价值，这种价值被发送给其他的人或事，可能是一个人、一个机构、另一个人工智能程序，然后被利用。由此，您可能收到广告、优惠券、学习指南等。

网络改变了人类社会的进程，人类不断地使用互联网（还有物联网，互联网和物联网终究会融合，到时候人、设备、程序都会在一起），使用的过程又不断地改变社会。下面，本书将从交互过程的视角探讨数字足迹到底是什么，它是如何被使用的，是怎样一步步改变我们的社会的，未来它又将向何处发展。

一 环境交互、信息保存及传播

存在，在于与环境交互

同自然交互

生命最原始的需求就是保持生存和繁衍下去。在保持生存和繁衍下去的过程中，生命需要同大自然进行交互，而交互必然产生信息。

人同自然的交互有宏观和微观两个层面。宏观层面的交互是可觉知的交互，也就是人在意识活动支配下与自然的交互。这样的交互不断产生信息，改变自然的状态，同时也改变人的状态。微观层面的交互是不可觉知的交互，这样的交互也会产生信息（神经信号），这些信息被大脑分析，从而导致意识上的决策改变。微观层面的交互同样改变人的状态，也改变粒子自身的状态。

总之，交互活动通过信息改变了交互双方的状态。

同社会交互

马克思说：“社会是人们交互作用的产物，是表示这些个人彼此发生的那些联系和关系的总和。”而历史不过是关于不同时代社会的联系和关系的数据的承载，这些数据就是我们人类的足迹。

同大自然交互的基本作用是确保我们的生存。而当今社会，同人类社会交互的基本效应是彰显我们的个人特征和社会价值。可以说，社会交互与我们的生存质量以及对社会的贡献息息相关。

曾经，社会交互完全在现实世界、在所谓的线下发生。今天，社会交互正在大规模地向着数字虚拟世界迁移，微信和脸书（Facebook）这两大社交平台的用户之和已经超过20亿。人们在各种社交平台上进行着各种各样的社会交互：你看我的足迹，我看你的足迹；你关注我，我关注你……。这些交互所产生的信息毫无疑问都被记录在了这些平台上，甚至第三方也会获取部分交互信息。

而在线下，社会交互的信息被人们的大脑记录，被社会网络记忆。

事实上，每个人都是多面人，每个人在社会交互过程中都会留下关于自己的各种信息。我们如果能够收集到所有认识您的人对您的印象，就可以给您打上完整的社会标签，描绘出您的画像。

与环境的交互行为刻画了您

关于一个人，可以有无数个问题，所有这些问题的答案其实就界定了一个人。可是这些答案从何而来呢？

大自然是我们赖以生存的物理环境，而社会是人文环境。我们同这两个环境之间的交互实实在在地刻画了我们。透过在与这两个环境交互过程中留下的足迹，我们能知道自己是什么样的人。当今社会，我们同自然、同社会交互的信息，都有可能从物理世界、现实社会蔓延至网络。

如果您步入了数字世界，那么您同数字世界的一切交互所产生的数据信息，都将成为潜在的刻画您本人的信息，这些信息就是您的数字足迹。

您的任何行为，无论是同自然的交互还是在社会上与其他人的交互，都会产生痕迹，而您本人的一切都可以由您的交互行为刻画出来。

交互信息的保存和传播

交互信息保存和传播的重要性

“能量越多，比特翻转得越快。土、气、火、水，归根结底，都是由能量构成的，但其不同形态却由信息决定。做任何事都需要能量，而要明确说明做了什么则需要信息。”（Lloyd，2007）因此，我们可以根据一个人同环境交互的信息来刻画他，而这些交互信息的保存和传播就变得至关重要。只有通过这些信息，个体才能向观察者说明他是一个怎样的人。

可以说，交互信息的保存和传播让足迹在空间和时间上得以扩展。比如，青史留名的圣人和淹没在历史中的芸芸众生，个人交互信息的保存和传播决定了他们能否被历史记住。

为什么圣人名垂千古

为什么有的人能够名垂千古（当然，也有的人是遗臭万年）？为什么历史上那么多的平凡人没有被人记住？其基本机制到底是什么？也许您最先想到的是：当然是因为前者很厉害。可是仅靠厉害就能够被人记住吗？下面，我们以历史名人诸葛亮为例进行分析。

诸葛亮是民间家喻户晓的人物。他神机妙算，极具政治和军事才能，被视为智慧的化身。在诸葛亮的一生中，他同很多的同僚和敌人有过很多次深入的交互活动。诸葛亮取得的政绩战功，都是在充分与人和自然交互的基础上完成的。在交互过程中，经历这些交互的人记住了他，并将他的故事传播开去。

然而，仅仅被当时一两代人记住还不足以让诸葛亮名垂千古。记住他的人终究会逝去，而这些人的记忆，也就是信息，也将随着他们的逝去而消逝。那么究竟是什么让诸葛亮历经近两千年还能让这么多人记住呢？关键在于有关诸葛亮的各种史料以及在民间流传甚广的《三国演义》小说（其中更多的是艺术加工的成分），是它们确保了诸葛亮的形象一直被记忆和流传。在这个过程中，诸葛亮同环境，也就是同人和自然的交互信息在时间维度上被长久地保存下来，在空间维度上被广泛地传播出去，让诸葛亮得以名垂千古。

在这个机制中，有关诸葛亮的史料和小说发挥了两个重要作用：一是保存了信息，二是传播了信息。综合起来，它们促成了持久的信息传播。因此，我们可以通过史料和小说来了解诸葛亮。随着信息技术的发展，纸质书可能遗失的问题得到解决，关于诸葛亮的信息可以“永远”地存在于数字世界，存在于世间。

可见，人与环境的交互产生了信息，交互信息的保存和传播就是足迹的本质。

数字足迹就是人类同数字网络环境的交互所产生的信息的保存和传播。

二　从现实物理环境到数字网络环境

新环境的诞生：数字网络

“哎呀，没网络了。”“联一下网。”…… 今天，我们可能经常会听到这样的声音。这是生活在互联网时代的人们最常说的话。人，总归不是一个人在生活，人是在社会中生活的，这样就有了人际网络。于是，人与人之间不停地交互，交互过程中的一些数据被留存了下来，成为人类的足迹，成为可观测的历史。

然而，在20世纪中叶之前，人们还不怎么考察网络，更不用说有意识地构建某种网络。毕竟，互联网的先驱之一、美国国防高等研究计划署（Defense Advanced Research Projects Agency，DARPA）第一任负责人利克莱德（Joseph Carl Robnett Licklider）曾极力向其继任者论证计算机网络概念的重要性。那时候，他们设想了一套全球互联的计算机系统，基于这个系统，每个人都可以快速访问任何网站上的数据和程序。要实现这个目标很不容易，其间关于技术突破有很多的故事，先驱们克服了一个又一个技术难题，让计算机可以基于一些协议[①]实现彼此“对话”。终于，到了1989年，万维网（World Wide Web，WWW，也称3W、Web）出现了。

交互是基础，交互产生的信息在某种程度上成为我们的“口粮”。不难想象，让计算机之间发生交互可能是我们人类社会交互特性的延伸。

事实上，计算机网络的出现是出于人类社会交互的需求，计算机之间的交互需求可以看作人与人之间交互需求的折射。人是信息的生产者和消费者，我们通过观、听、触等与他人交互，交换信息。计算机需要信息，自人类第一台真正意义上的电子计算机诞生以来，人类一直充当着计算机的“喂食者”。计算机“吃”的是信息，“吐”出来的依然是信息。但在计算机的“观”“听”“触”功能被开发出来以前，它要“吃到”另一台计算机产生的信息，得靠操作人员把信息从那台计算机上拷贝过来。这样的场景即便到现在，我们也时常碰到。烦琐的过程，不是吗？（这说明我们还没有发展到万物互联、万事互联的程度。）

---

① 关于协议，简单地理解，就是相关各方都知道的、规定好的、必须遵循的内容，比如信封上要写的收件人姓名和地址、发件人姓名和地址等。计算机之间通过协议进行通信。我们打开浏览器，地址栏中“http”开头的那一串字符是一个地址，HTTP就是一种协议，即超文本传输协议（Hypertext Transfer Protocol）。常见的还有安全超文本传输协议（Hypertext Transfer Protocol Secure，HTTPS）。

一些计算机科学家和工程领域的专家，觉得计算机之间的交互不能一直由人来做，而应由计算机形成的“社会”自己来处理。简单地说，就是计算机得像我们人一样，相互喂食“信息”。就这样，人们开始构建数字网络。

1969年，美国军方组建的阿帕网（Advanced Research Projects Agency Network，ARPANET）正式启用。这个网络中的计算机要能相互区分并进行通信，需要有相同的语言和明确的地址，由此诞生了传输控制协议/网际协议（Transmission Control Protocol/Internet Protocol，TCP/IP）。此外，为了在不同计算机之间方便地传送数据，研究人员发明了电子邮件系统[Electronic Mail（E-mail）System]；为了解决网上计算机命名问题，研究人员又发明了域名系统（Domain Name System，DNS）。为了方便人们接入和访问网络，研究人员还开发了万维网及相关标准和规范，比如前面提到的HTTP，以及统一资源定位符（Uniform Resource Locator，URL）、超文本标记语言（Hyper Text Markup Language，HTML）。为了让大众方便地使用万维网，1990年首个网页浏览器诞生了。进入21世纪以来，随着网络通信技术的大发展，无线网络迅速普及。

一开始人们在浏览器上看到的只是网站编辑进行处理后的内容，我们称之为Web1.0；后来互联网个人用户开始把自己的内容（如博客等）发布到网络上，各个网站之间基于应用层面的协议实现内容和服务的聚合，Web2.0时代、Web 3.0时代纷至沓来。

进入Web2.0时代后，用户产生的数据急剧膨胀，数据的价值日益显现。随着互联网的不断发展，这种数据不再局限于用户有意识上传的数据，也涉及用户在网络上的所有交互活动。那些为用户提供服务的公司可以在网站和软件中嵌入各种捕捉数据的机制，以获取用户的数字足迹。数字足迹既包括用户交互的行为数据，也包括用户生成的内容数据。

就这样，一个新的环境——数字网络——诞生了。该环境是数字足迹得以产生和发展的基础。

适应新环境

《数字化生存》一书的作者尼葛洛庞帝提出："计算不再只和计算机有关，它决定我们的生存。"此言不虚。数字网络是由无数的计算机构成的，因此若是套用尼葛洛庞帝的论断，我们可以这么说：

数字网络不再只和数字网络有关，它决定我们的生存。

数字网络诞生不久，一些敏锐的人就发现，它不仅可以帮我们买卖看得见、摸得着的实物商品，还能够帮我们买卖一些虚拟商品，如电子书、数字音乐。于是，人们开发了各式各样的软件和服务。后来，人们发现网

络上能变现的远不止传统的商品，注册用户的数量似乎也意味着价值。

再后来，人们意识到用户产生的数据是数字网络中的“金矿”。用户使用某种设备，如智能手机、电脑、可穿戴设备，在某种应用界面上不断交互所产生的信息简直就是“数字石油”！那些数据分析的智能程序可以对这种“数字石油”进行提炼分析。数据是无价的，而这些数据中极大一部分正是用户的数字足迹。

现在，任何一个接入互联网的人，都在用着若干个应用程序（app），只要我们与其交互就会产生数据，这些数据被记录下来并可能在网络上传播。时至今日，恐怕已经没有不记录用户交互数据的应用程序了。如今大大小小的互联网公司都知道数字足迹的重要性，如百度、谷歌（Google）靠基于用户数字足迹的分析结果来卖广告，京东、亚马逊靠用户数字足迹推荐商品。

数字生活

我们可以回顾一下自己的生活和工作，是不是有时候连走路都在看手机？是不是不看点什么、听点什么，不找人聊点什么，心里就不痛快？是不是不说点什么、做点什么，心里也不痛快？我们的大脑热衷于寻求新的信息刺激，并输出新的信息。由于人类具有对信息进行采集和处理的天然嗜好和能力，人类适应数字网络也极其迅速。现在，我们的生活已经离不开数字网络了。

通常来说，一个人要适应新的环境，如新的学校、新的工作地点，总会有一个过程，有时候甚至有点痛苦。但是对于“数字原住民”而言，适应数字网络似乎就很轻松。如今两岁大的孩子就能够熟练地滑动手机屏幕解锁，找到想要看的内容；三四岁的孩子就能够向智能语音助手发出语音指令以获得某项服务，能够使用鼠标控制视频播放；四五岁的孩子甚至能够进行可视化编程等。

适应这个新环境的过程，其实就是适应这个环境里一切关于信息的活动。信息生产与传播的速度、范围和效力，全部因为网络而加速改变，这就要求我们顺应这种改变。在适应的过程中，新的交互产生了，新的信息产生了。每个人特有的数字足迹随之而生，通过这种数字足迹，计算机能够生成一个人的数字画像或者数字指纹。

当我们适应了数字时代的生活之后，与数字媒介的交互就成为日常生活的一部分。曾经，当我们不知道路的时候，会找旁人询问，如今我们可以拿出手机，使用地图软件进行搜索；曾经我们看新闻，需要到报亭买报纸，现在我们手指点点手机就能看到热点事件。实际上，我们将线下交互变为了线上交互。

离不开的搜索

人是“信息吞噬”和“信息制造”机器，在数字世界中，每个人都在寻找信息：关于学习的信息、关于工作的信息、关于生活的信息、关于娱乐的信息等。大多数信息我们不能马上找到，这时候我们就开始使用搜索引擎。如果不进行特别的处理，我们每一次搜索行为所产生的交互信息都会被搜索服务提供商记录下来。

时时刻刻都在看

现在，很多人一有时间就会看手机，这也再次证明我们是“信息吞噬”者。我们每一次的点击都是一次交互，就在我们不停地看的时候，相应的交互信息被记录下来。我们看了哪些内容、关注了哪些内容，都将成为数字经济系统高效运行的养料。

禁不住诱惑的购买

在网络上购物已经成为很多人的习惯，就连偏远地区的人们也开始在网上购物了。事实上，很多农民朋友已经开始在电商平台上售卖农产品了。现在我们可以足不出户，动动手指就能浏览以前在超市里才能看到的商品，而可供浏览的商品数量也远远超过了我们能光顾的实体超市里陈列商品的数量。

展现自我的舞台

自从进入 Web2.0 时代以来，互联网从信息服务商单向的信息展现场地，变成了大众的网络平台。一夜之间，那些掌握了一定技术、抓住了时代机遇的人，开始在互联网上经营自己的信息阵地。展现自我是人类的天性，我们可以通过社交平台展现自我。不过展现自我的时候，也就是我们的足迹暴露的时候。

扫扫扫

使用过微信的人都或多或少碰到过这样的场景：商家说有优惠活动，要想享受优惠必须用微信扫描商家给出的二维码。很多人可能毫不犹豫就掏出手机扫描了。不过请留意，当您扫描后，微信会弹出一个确认界面，上面有一个大大的“同意”按钮。您必须点击这个按钮，才能继续下一步操作。仔细看，您会发现，点击“同意”意味着您允许商家的后台程序获取您的微信账号信息，包括昵称、头像、地区及性别等。从此以后，您浏览这个商家公众号所发布的任何信息，它都可以进行记录。

在人工智能的“耳目”之下

2019 年的科幻电影《终结者：黑暗命运》中，当莎拉三人从南美越境去往美国的时候，莎拉将手机用锡箔纸包住，说在这样的网络化社会，想要逃离终结者的追捕，必须断绝信号网络。虽然终结者确实没有通过她们使用的手机追踪她们，但是，终结者通过进入全球数字网络，查看所有的联网监控摄像头，最终定位到了莎拉一行人上火车的位置，从而缩小搜索范围，并找到了她们。这是典型的在人工智能的“耳目”之下的场景。现实世界中发生的人工智能自动确定行踪并进行判断的案例比比皆是，比如利用人工智能寻找走失的老人、儿童等（AI 寻人）。

追踪用户和采集数据

以上是我们数字生活的一个缩影。当我们适应了（有些人也许不能适应，但也很难置身事外）网络社会的工作和生活方式之后，我们便开始了永不停歇的数字交互活动。这些交互活动产生了数字足迹，数字足迹又是如何被收集的呢？

网络世界既是立体的，又是平面的。我们说它是立体的，是指网络对于用户来说似乎提供了一种空间维度，用户可以深入网络的各个层面，开展各种交互。比如，可以在网络论坛中跟其他用户进行交流，可以在网络游戏中与其他玩家一争高低。我们说它是平面的，是因为无论进行何种交流，用户始终要基于人机交互界面才能正常地开展交互活动。这个交互界面依赖于硬件设备，比如最普通的电脑，或者混合现实设备，如微软的全息眼镜（HoloLens）。所有的交互——点击、拖拽、语音、肢体动作等，都是通过安装在硬件设备上的软件所提供的交互界面展开的。

这种软件是由软件提供商提供的。比如，微信是一个软件，提供基于通信的社交平台；京东商城也是一个软件，提供购物平台。任何一个软件，其运行的时候就是在处理信息流。软件的提供商，通常也就是运营者，为了给用户提供更好的服务并获得收益，需要对软件中的信息流进行存储、分析、转移（对应信息的传播）等处理。对于数据收集来说，其中一类主要数据是关于用户及其交互行为的。

网站和软件的运营者通常会考虑收集用户的数据，图 2-1 显示了典型的关于用户的数据。有多种技术可用于收集这些数据，如网络跟踪器（Cookie）、网络信标（Web Beacon）、浏览器指纹（Browser Fingerprinting）、经历数据应用程序接口（Experience Application Programming Interface，xAPI）以及爪哇描述语言（JavaScript，JS，一种编程语言）等。

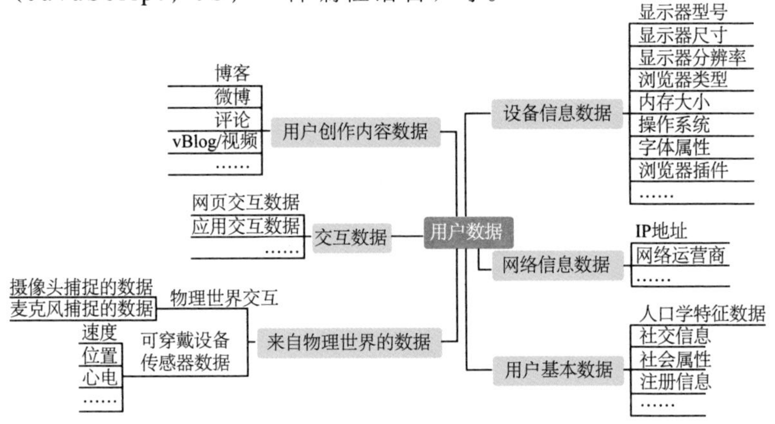

图 2-1　典型的关于用户的数据

注：vBlog 是使用爪哇语言（Java）实现的单人博客程序。

Cookie

当前，互联网上最“臭名昭著”的技术术语之一就是 Cookie。请注意，我对“臭名昭著”这个词使用了引号，因为技术本身是中立的，关键在于人们怎么使用它。Cookie 是用来在服务器和客户端之间同步用户信息的技术，使用此类技术能提高用户的使用体验，比如大家最常见的功能：登录一次网站之后，如果授权网站记住账号密码，那么在一段时间内重新访问该网站的时候，网站将不再要求我们输入账号密码。然而，随着数字经济的不断发展，这项技术开始被滥用了。

Cookie 通过一个唯一的 ID（Identity Document，身份标识号）来识别不同时间来访的用户，通过收集用户的在线习惯、访问过的网站、搜索历史记录等信息来提供服务。从用途来看，Cookie 主要有如下几类（表 2-1）。

表 2-1　Cookie 的主要类别

类别	描述	案例
网站正常运行所必需的 Cookie	此类 Cookie 是网站运行所必需的，并且不能在系统中关闭。通常仅针对用户提出的服务请求，例如设置用户的隐私偏好、登录或填写表格。用户可以通过设置浏览器来阻止此类 Cookie，但阻止后网站的某些部分将无法工作。此类 Cookie 不存储任何个人身份信息	保存用户的登录信息的机制，方便日后再次访问时自动登录
用来分析的 Cookie	此类 Cookie 允许网站计算访问次数和流量源，据此网站可以测量和改进自身的性能	帮助网站知道哪些页面最受欢迎、哪些页面最不受欢迎，并查看用户如何在网站中移动。此类 Cookie 收集的所有信息都是汇总的，因此是匿名的。如果用户不允许使用 Cookie，网站将不知道用户何时访问过该网站

续表

类别	描述	案例
用来支持增强功能的Cookie	通过此类Cookie网站能够提供增强的功能和个性化功能。此类Cookie可能由网站或第三方提供商设置，这些提供商的服务已添加到页面中。如果不允许使用此类Cookie，则部分或全部服务可能无法正常工作	比如，一个电子商务网站需要提供在线聊天客服，而该网站服务商没有在线聊天软件。通常，电子商务网站的页面中会引用一个聊天软件服务的JavaScript文件，文件加载后就会留下Cookie，从而提供完整的在线聊天功能
锚定Cookie	此类Cookie服务于广告等目的	网站通过Cookie跟踪用户，进行精准广告推送

让我们看看Cookie的庐山真面目。在常用浏览器中，一般内置了一个供开发调试使用的功能，通过这个功能可以查看网站的Cookie。比如在火狐（Firefox）浏览器中，可使用F12快捷键打开这个功能窗口，在窗口顶部选择“存储”选项卡之后，就可以看到类似图2-2所示的界面，该

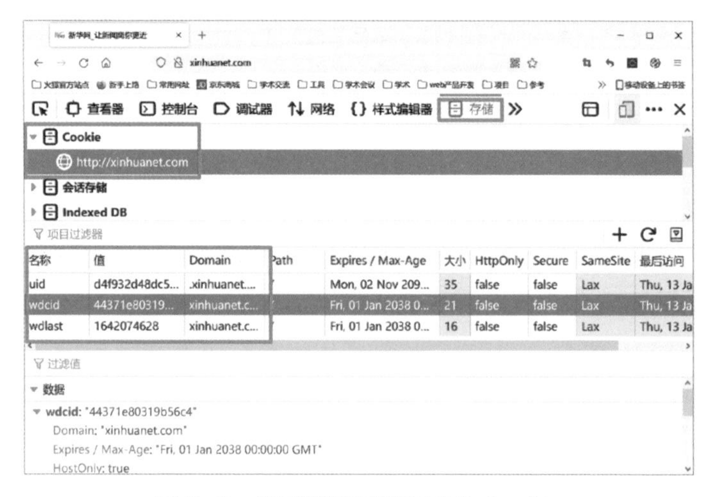

图2-2　使用浏览器查看网站的Cookie

界面的左侧有 Cookie 菜单。您首先将看到一系列网址，点击其中任何一个网址，可以看到一个表格，表格的表头是“名称”“值”“Domain”……。一般来说表格中或多或少都会有一些条目，这些条目就是 Cookie。

网络信标

网络信标又称 Web 信标，是网页或电子邮件中隐藏的图像，其大小通常为 1 像素，几乎不可能被用户察觉。图 2-3 显示了其基本原理，主要是利用这个不可见的图片带来的网络请求活动来捕捉相关数据。在这个例子中，我开发了两个很小的网站 A（http://localhost:63342/）和 B（http://localhost:8000）[①]，其中 A 网站嵌入了来自 B 网站的图片 beacon.png[②]。为了展示的需要，我们一共嵌入了四次该图片，图片像素依次减小，第四次被设置为 1 像素大小。因此浏览器中显示的样子是图片依次变小，最后第四个图片完全显示不出来了。

当 A 网站主页在浏览器中被打开的时候，浏览器要把 A 网站展示给用户，所有的网页内容都要从服务器上下载下来，图片 beacon.png 也将从 B 网站上下载。我们可以看到，图 2-3 左下部一条被选中的条目（蓝底显示），其中的信息表示从 B 网站下载图片 beacon.png。图的右下部显示的是打开 A 网站时，为了从 B 网站下载图片 beacon.png 而传送给 B 网站服务器的信息。对于 B 网站来说，提供图

① “localhost” 意为本地主机。

② “beacon” 意为信标，“png” 是一种采用无损压缩算法的位图格式。

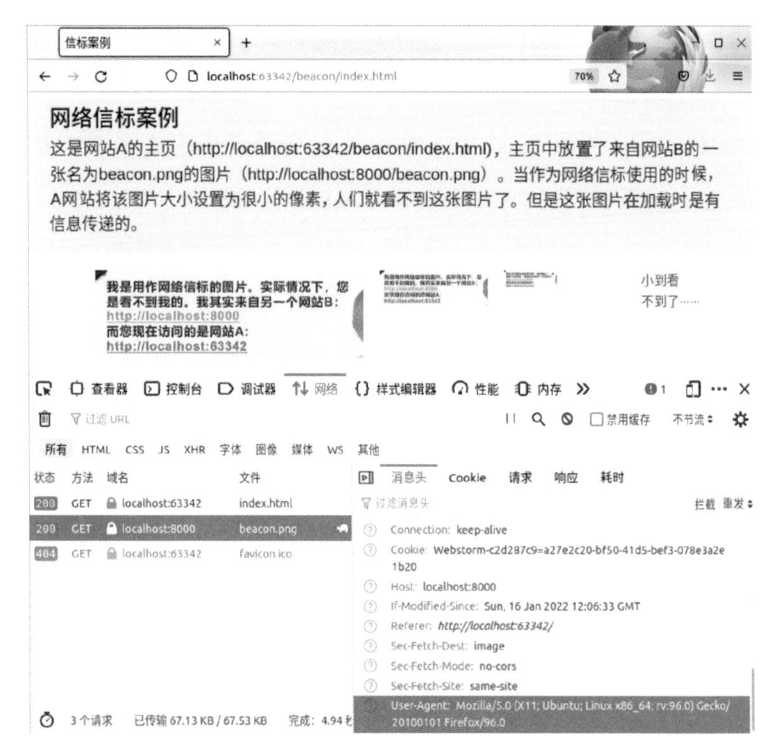

图 2-3　网络信标原理示例

片服务所得到的信息回报非常丰厚。比如图中右下部被选中的信息（蓝底显示），能够显示当前浏览 A 网站的用户的浏览器以及操作系统的参数，这些参数对于识别用户非常重要（后文将要介绍的基于网站访问记录识别用户的研究能够证明这一点）。因此，利用网络信标可记录用户访问特定网页或查看电子邮件的行为。

网络信标可与 Cookie 一起使用，也可与网络服务器日志一起用于获取用户行为。网络信标的常见使用场景包括在线广告印象计数、文件下载监控和广告活动性能管理。不过，网络信标无法像 Cookie 一样被浏览器用户拒绝或接受。因为网络信标本质上是HTML文档中的图像元素，而我们看到的网页就是由各种各样的HTML元素组成的。虽然用户可以设置浏览器不载入图片，但这样一来其他有用的图片也会被屏蔽掉，从而影响用户体验。

浏览器指纹

浏览器指纹是一套综合的数据，用以实现用户的区分，识别特定的用户。这套数据由浏览器插件、字体以及屏幕分辨率等信息组成。这些信息看似无关紧要，但当它们组合在一起的时候，就能对用户进行识别。

图2-4是我的一张浏览器测试图。醒目的红色文本告诉我，我的电脑安装了杀毒软件和网络个人隐私保护方面的软件。即便如此，我依然具有独特的指纹，这就意味着我的浏览行为能被识别。这个测试信息显示，在该网站过去45天的所有221838次测试中，我可以被唯一识别出来。

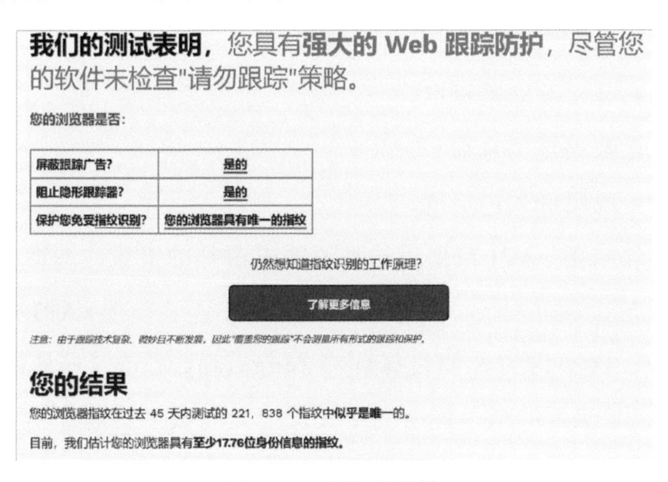

图 2-4　浏览器指纹

注：图片为基于网站（https://coveryourtracks.eff.org/）得出的测试结果。

xAPI

Cookie的技术属性决定了它能够收集的数据很有限。我们在同网站或软件频繁交互的过程中会产生大量的交互信息，其中有相当多的数据对于提高网站和软件的性能、服务质量具有重要的参考价值。比如，在学习领域，学习平台非常希望获得学习者的学习行为数据，这些行为包括点击某个学习材料、答题、复习、回看等，这就需要持续地捕捉这些交互数据。通常，运营者在开发网站和软件的过程中，会考虑在哪些交互环节收集哪些数据。并且，为了便于分析，人们还希望这些数据具有一定的语义，既是人类可读的，也是机器可读的。由此，诞生了xAPI技术。

xAPI诞生之初是一套学习行为数据采集标准和服务规范。随着其影响的扩大，各行各业都开始考虑使用xAPI收集行为数据。xAPI具有如下特性：

- 基于互联网标准；
- 数据规范直观；
- 应用嵌入门槛低。

每一条xAPI数据语句都遵循主谓宾的格式，即谁在什么事情上做了什么。比如，图2-5展示了一条xAPI数据语句，这条语句说的是操作者fengxiang点击了一本名为《数字足迹》的书，该书的中文简介是“数字足迹在当今社会经济活动中具有重要意义……”。

```
var statement = {
    actor: {
        mbox: "mailto:fengxiang@example.com",
        name: "fengxiang",
        objectType: "Agent",
    },
    verb: {
        id: "https://www.muedu.org/xapi/verbs/clicked",
        display: {
            "en-US": "clicked",
            "cn-ZH": "点击了"
        },
    },
    object: {
        id: "https://www.muedu.org/xapi/activities/bookid/1",
        definition: {
            name: { "cn-ZH": "数字足迹" },
            description: {
                "cn-ZH": "数字足迹在当今社会经济活动中具有重要意义......"
            },
        },
        objectType: "Activity",
    },
};
```

图 2-5　xAPI 数据语句样例

JavaScript

一些数据采集公司，如谷歌，在搜索引擎领域占有巨大的份额，对其他网站的用户导入而言极为重要。谷歌发布了一款名为“analysis.js”[①]的轻量级程序来采集用户数据，并在此基础上提供后台分析功能，从而帮助网站进行优化。

一般来说，网站运营者只需要根据需求，按照 analysis.js 规范要求，进行轻量级的 JavaScript 编程，即可采集很多的用户信息、交互信息以及设备信息。如图 2-6 中的这段代码，表示的是采集用户点击播放某个视频的交互信息。

① “analysis” 意为分析，“js” 即 JavaScript。

```
1  ga('send', {
2    hitType: 'event',
3    eventCategory: 'Videos',
4    eventAction: 'play',
5    eventLabel: 'Fall Campaign'
6  });
7
```

```
1  google跟踪器('发送数据', {
2    数据类型: '交互事件',
3    事件类别: '视频',
4    交互动作: '播放',
5    交互事件标签: 'Fall Campaign'
6  });
7
```

图 2-6　analysis.js 采集用户信息的代码样例（左侧）及其含义（右侧）

巨量的第三方追踪

网站和软件的运营者可以根据自身发展需求获取必要的用户数据，只要合乎法律规定，它们可以获取所有用户留下的基础数据和交互数据。但是，很多运营者为了实现其他目的，比如，在网站和软件中嵌入广告从而获利，会在其代码中整合第三方数据采集机制。这些数据会流向第三方，而用户在这个过程中毫无察觉。以上介绍的几种技术都可用于第三方追踪。我们先用一个简单场景来解释第一方和第三方追踪分别是什么。

一天，您到常去的理发店理发。理发师给您理得很好，您很满意。此时，理发师向您推荐一项新服务。他说，店里为了更好地服务顾客，推出了免描述服务（类似 Cookie 的功能），以免顾客每次来理发的时候都要先向理发师描绘自己想剪成哪种样子。这位理发师一边拿着平板电脑一边对您说："如果您愿意，现在就可以通过摄像头采集您的头像，很简单，照张相就可以了。"（好比用 Cookie 保存数据）您虽然是这家店的常客，也不免有些犹豫，毕竟要采集头像啊。理发师见状，进一步解释："您别担心，我们绝对保护顾客的隐私，这些照片永远只在本店内部使用。”（类似Cookie使用的隐私政策等）如此云云，您相信了，然后拍了一张照片。

两个月过去了，您再一次踏进这家理发店，此时的您已经完全忘记了之前的事情。不过，您发现门口似乎多了一个摄像头。不一会儿，一位理发师微笑而来，热情地招呼您。您觉得这位理发师很面生，奇怪他怎么会认识您。更令人惊奇的是，他还非常清楚您的理发偏好。您仔细回想，终于想起两个月前在这家店里拍过照，瞬间明白了一切，觉得这项服务确实不错。

接下来的一年多时间里，您一直享受着这家理发店的服务。他们的服务一直在改进，现在摄像头已经被放到了您座椅前面的镜子上。这家理发店非常熟悉您的理发偏好，已经掌握了您在理发这件事情上的很多数据。有一天，您再次去这家店，发现座椅前面的镜子上又多了一个摄像头，而且看上去比之前那个更好，您猜测是不是又更新了技术。

过了几天，您接到一个陌生的广告电话，问您最近是不是倍感疲劳，他们可以提供很好的保健服务……

在这个例子中，第二个摄像头可以看作第三方追踪[①]，第三方通过理发店采集了您的信息，从而向您推销理发之外的服务。但这并不一定是您愿意的。目前，互联网上这

---

① 在实际生活中，我们往往无法感知到第三方在采集数据，第三方并不会像案例中的理发店那样，通过显露在外、我们能看到的摄像头来采集数据。案例中之所以这样设定，主要是为了方便读者理解。

种情况相当多，第三方在后台默默地采集用户的信息，并尝试向用户推荐额外的功能。

第三方追踪非常普遍。我尝试打开了 26 个网站，在打开这 26 个网站的时候，我并没有特意挑选，只是按照日常的操作习惯以及写作本书时进行的搜索来打开各种链接。我使用火狐浏览器打开这些链接，在浏览器上安装了一个名叫“光束”(Lightbeam) 的插件。该插件可以对我打开的所有网站进行分析，查看第三方的数据追踪情况。

图 2-7 显示了 26 个网站的数据追踪情况，其中白色或者带图标的圆形表示在浏览器中打开的某个网站（由于尺寸限制，图中显示的圆圈数量可能不足 26 个）。从圆形发散出去的三角形表示在该网站中嵌入的进行用户浏览数据追踪的第三方机制。这张图给出了一个令人震惊的数据：仅仅 26 个网站，就足足有 323 个第三方可能参与到用户数据追踪的过程中来。

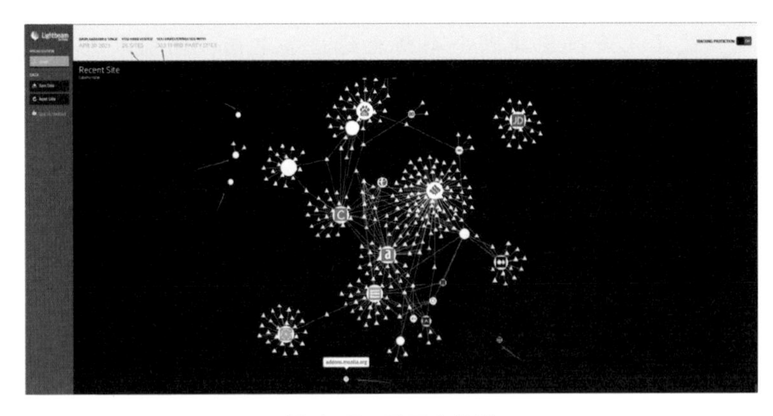

图 2-7　第三方追踪

交互数据的保存和传播

信息需要存储和传播，存储是传播的基础。人类的发展史其实也是信息存储和传播的历史。随着技术的发展，信息的保存手段不断发生改变。今天，我们有了信息技术，有了互联网，互联网成了最大的信息仓库、最大的足迹保存地。

提到信息的保存，今天很多人首先想到的是硬盘和优盘（U 盘）。往前一点，有磁盘、光盘、磁带、穿孔卡片。再往前一点就是纸了。如果继续往前，还有丝帛竹简、龟甲兽骨、青铜器和石器陶器、石刻岩画以及绳子。正如《易·系辞下》中所说："上古结绳而治，后世圣人易之以书契。"

仅仅记录信息还不够，信息还需要传播。在现代通信技术出现以前，信息的传播主要依赖口口相传和记录载体的转移。传播的距离和效率决定了信息的影响效力。2700年前，中国人用烽火狼烟传递敌人来犯信息；公元前490年前后，古希腊的一名战士为了传递战争捷报，跑了40多公里报信，力竭而死，为了纪念这一事件，现代奥林匹克运动会设立了马拉松项目。在古代，飞鸽传书也是常见的信息传递方式，当然最常见的是骑马。中国远在周朝时就建立了专门传递官府文书的驿站，通过骑马将文书从一个驿站传递到下一个驿站，同时建立了一套较为完整的邮驿制度，以实现快速、准确的通信。时至今日，我们有了最快的信息传播技术——信息通信技术（Information and Communication Technology, ICT）。

数字足迹与现实世界足迹

交互对象

您在网上搜索的时候，首先在输入框中输入关键词，这个输入过程其实是可以被记录的。随后，您点击搜索按钮，此时您针对该关键词进行搜索的交互动作就传送给了搜索服务提供商的服务器。服务器收到信息，触发了检索程序，最后将检索到的信息一条一条发给您，显示在您的屏幕上。

我们同网络交互的时候，交互对象是人类自身和联网的电子计算机（以下简称计算机）。典型的计算机包括智能手机和个人电脑。这些计算机通常还可以有一些外围设备，如键盘、鼠标、摄像头、手写笔、触摸板、麦克风等。我们可以将计算机理解成一个人，将这些外围设备想象成这个人的手、眼、鼻、耳等。通过这些设备，我们同计算机进行交互。这些交互产生了信息，触发了计算机中的某段程序；程序产生了信息，触发了另一段程序。这种触发其实也是一个交互过程，这样的交互过程一个接一个地持续下去，直到达到了目的。

假设计算机背后是人在操作，那么这样的过程其实就是人与人交互的过程。数年前，雪佛兰汽车上都安装了一个导航服务，叫作安吉星，通常安装在后视镜上。当按钮被按下，车载电话就会自动拨到服务中心，电话接通后，您可以告诉服务人员您要去的目的地，服务人员会通过网络向您的车载电脑发送路线，然后，您就可以收到语音播报的导航信息了。

这样的服务当时用着很不错，不过随着百度地图和高德地图等地图软件越做越好，没过两年我就再也没有订购过该服务了，而是改用地图软件。如今，这些地图软件已经加入了人工智能功能。我们只要打开百度地图，叫一声“小度小度”，就可以唤醒它，然后告诉它我们想要去的地方，它马上就会规划好路线，并提供全程语音播报。

在安吉星导航服务中，我们的交互对象是一位服务人员；在曾经的百度地图中，我们的交互对象是一个地图程序；在今天的百度地图中，我们的交互对象是人工智能“小度”。事实上，在需要导航服务时，我们基本上可以把“小度”当作一位随叫随到的服务人员了。

信息的保存和传播

在现实世界中，我们的交互对象是大自然和人类社会（包含人工制品），在交互过程中，信息得以产生。一些信息被大自然所保存，比如我们在火星上留下了火星车轨迹；一些信息被人类大脑所保存；一些信息被我们留在了制品中，比如瓷器上的文字。

在数字世界中，我们的交互对象主要是计算机。交互过程中，我们点击的一切、浏览的一切都可以被保存。信息是通过磁盘这一类数字存储系统来保存的。

通常，信息如果被保存下来，就意味着有被传播的可能。传播必然跨越时间，多数时候是同时跨越时间和空间的。信息可以由实体（计算机程序、人和其他生物等）主动传播出去，也可以先被观测到，然后被传播出去。

在现实世界中，我们可以用纸张记录信息，然后通过其在世间的流通来传播信息。即便在文字尚未诞生的时候，人们也可以通过口口相传来传递信息。信息可以在一代人之间传递，也可以进行代际传递。

在数字世界中，信息的传播依赖数字通信网络。事实上，今天我们常说的“上网”和“刷屏”就是交互的过程，是将交互过程所产生的信息保存下来的过程，也是传播交互信息的过程。

足迹的范围

目前，人类的足迹最远到达了距离地球200多亿公里的位置。这是由美国1977年发射的旅行者一号（Voyager 1）空间探测器达成的，目前它仍在进行星际飞行。人们在旅行者一号上放置了一张镀金唱片（图2-8），唱片里存储

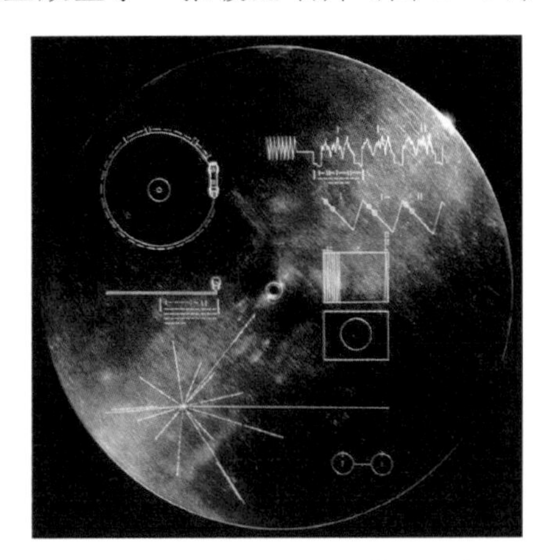

图2-8　旅行者一号携带的唱片

了115幅图像、用55种语言表达的问候语、来自大自然的声音以及不同时代不同文化的音乐等信息。

不同于人类在现实世界中的足迹，我们的数字足迹存在于数字网络之中。这个网络世界有多大？难说，它有点“其大无外，其小无内”的感觉。在电影《头号玩家》中，游戏者带上头盔穿上装备之后，就可以在虚拟世界中穿梭，瞬间就可以到达虚拟世界中设定的任何外星战场，这是数字技术决定的。

足迹的寿命

在刘慈欣的著名科幻小说《地球往事》三部曲的第三部《三体3：死神永生》中，太阳系受到二向箔维度武器打击，即将灭亡，人类也自然逃不过灭绝的命运，主人公程心和AA到了冥王星。在那里，他们见到了200多岁的逻辑，得知逻辑在这里的身份是地球文明的守墓人，并且知道了在冥王星上建造地球文明墓碑的那段历史。为了在地球遭到黑暗森林打击的时候能够保留地球文明的信息，为了能够在宇宙中声明我们（人类）来到过这个宇宙，人类科学家面临一个巨大的挑战：如何将地球文明信息在地质纪年的时间长度里保存，如一亿年？起初，人们认为这个任务很简单，但是通过实验，他们发现这简直是不可能的任务。虽然人类科技已经相当发达，但小说中当时最厉害的量子存储技术，也仅仅只能将信息保存两千年左右。科学家们在经过深入研究后，得出了一个惊人的结论：将信息雕刻在石头上！最终，人类启动的超大工程就是运用了这种看似古老的技术！是的，这是古老得不能再古老的技术。这可真是讽刺——人的墓碑变成了人类的墓碑。

您可千万不要认为科幻小说中的场景都是虚假的、遥远的。现实世界中，人们对于信息的保存需求已经逼近了科幻小说所描绘的境地。举一个例子，华纳兄弟公司拍摄了大量经典影片，为了将这些电影更好地保存下来，该公司同微软联合开发了一种新的存储技术：将数据存储在玻璃上。最终，华纳兄弟公司将电影《超人》存储在了一块杯垫大小的石英玻璃上，数据总量75.6GB[①]。石英玻璃具有耐高温、磁干扰、碰撞以及其他环境威胁等特性。

相比现实世界，数字世界里信息的保存更加精确，如有必要，传播速度极快。但是，数字世界里的信息如果不做特殊保护，将很快消散。以上的案例似乎在暗示，人类要向宇宙证明自己来过，终究要回到和大自然的交互之中。

① “GB”也叫吉字节，是一种计算机存储单位。

三　谁在使用数字足迹

在互联网时代，几乎所有与您进行交互的网站和软件等都是您的数字足迹的收集者和使用者。那些您日常所使用的网站、手机 app 每时每刻都在收集您的数字足迹数据。如有必要，它们会收集您的每一次交互活动，包括点击了什么、停留的时间、看过的内容等。它们会将这些内容存储起来，然后使用您的数据来进行分析。

它们分析您，就是为了“服务”您和其他与您类似的人。这样做是为了留住您，使您成为这个服务的深度消费者。一开始，您可能只是使用免费的服务，慢慢地，您接触到更丰富的付费服务，甚至愿意付费以获得更好的服务。有时候，它们的服务看上去是永久免费的，可是您只要停留在交互界面上，对它们来说就是一种价值。在融资市场上，平台的每个用户都是有价值的。比如脸书，它为用户提供免费服务，用户在使用服务的时候留下丰富的信息，平台可以使用这些信息（数字足迹）来开展广告业务。

内容网站帮用户挑选感兴趣的内容

每天，您都不知道自己会刷多少次网页。在打开网页的时候，恐怕您都不知道自己想要看什么。但是，碰巧有那么一篇文章的标题吸引了您的注意力，然后您就点击进去阅读。您可能边读边笑，也可能边读边骂。看完之后，您的情绪可能还会持续很久。过不了多久，您又不自觉地打开网页。这时您可能还是不知道自己要看什么，可是，这次刷出来的很多内容都是您想要看的，是您看了标题就忍不住想点击进去的。

内容网站后台的人工智能程序为用户挑选文章，这个人工智能程序可能是内容网站自己的，也可能是第三方（如谷歌等）的。起初，您在这个网站上刚刚注册，这个人工智能程序并不怎么了解您，给您呈现的一些可供阅读的内容并没有特别的针对性；在您使用了一段时间之后，网站根据精心设计的算法对呈现给您的内容进行了精心挑选，能够以最快的速度最准确地捕捉到您的偏好。您主动点击了某篇文章，打开之后观看许久，而有的文章则一扫而过。您留下的每一个数字足迹都会累积到下一步，从而帮助算法更好地了解您。

电子商务网站向用户兜售商品

现在，我们以上一章中提到的“扫扫扫”为例，分析谁在利用我们的足迹。

假设您扫码关注的商家是卖饮品的，这个商家除了有实体店外，还做网络销售。商家持续地在其公众号中发布各种各样的新款饮品及促销信息，您也时不时地打开公众号中的文章扫一眼。您每次就看几十秒到几分钟，也不觉得有什么，对关心的内容多看看，不关心的内容则一扫而过。不过，随着您看文章的次数增多，您留下的信息逐渐丰富起来。商家的后台系统很可能会做一些分析，分析人员或者分析程序开始摸清楚规律：这位顾客对于奶茶类的内容从不关心，而对于咖啡类的内容每次必看，特别是对新品咖啡情有独钟，如果有优惠，他基本上都会下单订购。如此这般，商家基本摸清楚了您的喜好。

后面的事情就简单了，如果这个商家的网络服务做得非常好，好到您不知道在什么时候把手机号码也留到了商家的信息系统里（很可能在您第一次下单时就被记录了），他们可能就会在新品咖啡上市的时候给您提供五折优惠。您享用了这款咖啡之后，觉得口感相当好，但遗憾的是此后少有优惠，而您又无法拒绝咖啡的美味，于是不得不继续掏钱回购。

有一天，这个商家突然觉得，咖啡爱好者中应该有很多文化人，可能都喜欢读书。然后他们的商城除了卖咖啡之外，还顺带卖书。时间久了，他们的系统积累了很多数据，其中就包含用户、喜欢的饮品类型、性别、购买的图书名称及类型等。他们发现，喜欢奶茶的大部分是女性消费者，并且其中大部分喜欢看《一个陌生女人的来信》等。有一天，他们的系统分析到了某位用户，发现这位用户喜欢喝奶茶，同时也是一位女性消费者，于是给她推送了《起风了》，然后用户就愉快地下单了。

这就是现代电子商务网站中推荐系统的基本原理，不过，这里只谈直观感受，不谈技术细节，实际的实现过程比上面介绍的复杂太多，而且也有很多其他的技术变种。我们要了解的关键是：您留下了足迹，网站、软件提供商可以根据您的足迹分析您；很多类似您这样的用户留下了足迹，网站、软件提供商可以根据这些足迹来做分析，服务于很多用户。其最终目标是：透过足迹深入地、全面地了解用户，引导用户去商家消费。

在线学习服务为用户制定学习路径

从上两节的内容中，我们可以抽取出如下关键点：第一，上网的时间和上网搜索的内容；第二，持续浏览的内容和所耗费的时间；第三，偏好。如果我们将上网过程对应到学习过程，就可以把上网的时间和上网搜索的内容换成学习的时间和搜索的学习内容，把持续浏览的内容换成推荐阅读的学习资源，把阅读内容所耗费的时间换成阅读某种学习资源所耗费的时间，把偏好换成学习资源的类型。

这样，我们就抽取出了学习过程中的一系列关键信息：搜索学习内容的关键词，学习资源的学科知识点类型，每日开始学习的时间，在某种类型的学习资源上花费的时间。下面我们通过一个假想的案例来进一步分析。

假设您每天都会打开一个在线学习服务商的网站，自主学习一段时间。您可能搜索了大学数学微积分方面的知识，也搜索了人工智能深度学习（Deep Learning）方面的知识，还搜索了关于巨蟒语言（Python，一种编程语言）的知识。您很少搜索文学、历史方面的知识。搜索到人工智能方面的学习资源后，如果是一些比较枯燥的以公式为主的内容，您会仔细阅读，花费很长时间；而如果是科普性的文章，您将很快放弃。如此这般，这个在线学习服务商可能会帮您制定一个学习路径：每天某个时段，提醒您学习与人工智能相关的数学知识和计算机知识，包括微积分、Python 编程；同时也会经常向您推荐最新的人工智能研究进展方面的论文。您的学习持续时间是每天两到三小时；您的学习目标是掌握最高深的数学知识和计算机知识，以支持您开发新一代的人工智能算法。

与此同时，在该在线学习网站上，有另一位注册用户，他收到的路径可能恰恰与您相反。他每日收到学习提醒，内容是关于人工智能的应用性、科普性的文章。他的学习持续时间是每天二十分钟；他的学习目标是了解人工智能的发展情况和应用领域。

两年后，您熟练掌握了人工智能所涉及的数学和计算机等领域的知识，成为人工智能领域的知名研究者；而那位用户则成为将人工智能应用于各种场景，快速开发各种应用的开发者。

自己用

以上是其他人使用我们的数字足迹的例子，现在我们可以回过头来看一看，我们自己又是如何使用自己的数字足迹的。我们可以利用一个极其常见的场景——上网冲浪来分析自己的足迹。日复一日，我们使用浏览器访问了不知道多少个网页，我试着使用一个软件（Web Historian Edu-History Visualizations，网络史学家—历史可视化）来分析我自己上网的习惯。

图 3-1 是我在 2020 年 9 月某一周内的上网情况。图中方块颜色越深，表示访问次数越多。横轴表示时间，从左到右依次是凌晨 1 点到午夜 12 点；纵轴自上而下表示周一到周日。这张图表明，周一我使用互联网的持续时间很长，白天除了上午 10 点到下午 1 点这一时间段，我基本上一直在进行中高强度的访问。然而，到了周六和周日，我就很少打开网页了。这可能是因为周末我在户外活动时没有使用计算机。

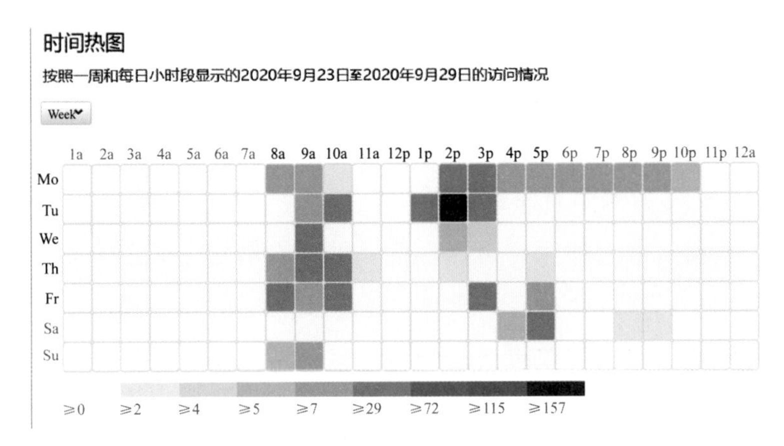

图 3-1 用户使用互联网的时间热图

图 3-2 是一张词云图，显示了我在 2020 年 7 月 9 日至 9 月 30 日所访问的内容。这张图表明，我可能比较喜欢看技术内容。

图 3-2 用户在特定时间访问网络的词云图

注：图上方两行英文意思如下：“您在找什么？ 38 个独特的搜索术语，包含 67 个独特的单词。右键单击某个单词以获得更多选项。”

图中有几处显示了我在写这本书的时候所搜索的内容，不知道您是否看出来了？相关的检索词有“视频监控案例”“终结者”“黑暗命运”等。这些词都是我在写作本书的时候为了收集素材而搜索的。

我们每天使用浏览器，留下足迹，充分利用这些足迹信息，能够帮助我们更好地了解自己、更便捷地获取信息。有研究者指出，仅仅通过一些常用网站，就可以利用用户的浏览记录来鉴别其身份。如果这些信息落入不法分子手中，我们将面临严重的隐私泄露危机。

四　数字足迹遇上人工智能

在当今社会，数字足迹的使用主要借助于算法，其背后是人工智能技术。

人工智能

“人工智能”（Artificial Intelligence，AI）的概念最早是在1956年英国达特茅斯大会上提出的。从那时候开始，人工智能的发展起起落落，最近一次人工智能的兴起可以回溯到2012年前后，其背后的主要推力是深度学习理论和技术。

为了揭示数字足迹如何与人工智能相遇，本书将简要介绍机器学习（Machine Learning）的相关技术。然后，我们将探讨数字足迹和人工智能结合后，如何实现对个人特质的探知、学业情绪的分析、学习路径的制定等。

人工智能是什么

人工智能是一个涉及众多学科的交叉学科。总体来说，人工智能的研究取向有四种：像人类一样思考、合理思考、像人类一样行动、合理行动（拉塞尔 等，2002）。在人工智能的发展史上出现过多种主导思潮，如基于符号逻辑的推理证明、基于人工规则的专家系统。本书关注人工智能如何利用数字足迹帮助人们开展学习、做出预测，总体取向是合理思考。比如，我们希望人工智能可以进行语音识别、图像识别、偏好计算等。当前在这些领域，机器学习获得了大量的关注。我们通过一个例子来说明机器学习和普通计算机程序的区别。

Word 是人们常用的文字处理软件。使用这个软件最大的好处是所见即所得。其工具栏上有很多格式设定按钮，比如我们可以打开一份文档，将标题设置为宋体三号，将正文设置为宋体五号……。在这个过程中，我们通过制定一套规则来编排不同的文字，使其以不同的形式呈现。Word 的这个功能不是机器学习，对于格式多变的文档，对于 Word 技巧不足的操作者，这样的方式实在是太烦琐了。那么，我们是不是可以换个思路？

让我们看看机器学习的效果。假设某编辑部拥有一万份已经排好版的同类型格式要求的文档，这些文档已经被编辑得非常规范了。某日，编辑部决定开发一个自动排版的算法，只要编辑出示一份草稿，算法就能够按照以前的样式自动对文档的标题、正文以及其他各种要素进行排版。这简直太棒了！

这是如何实现的？关键就在于那一万份已经排好版的文档，一个机器学习算法可以以现有的文档内容及格式作为参考数据来开始学习，就像学生做大量的习题一样。这个算法阅读了一万份文档之后，就有了“感觉”，它知道：一段文字如果看上去像标题，那么就给它安排宋体三号字的格式；如果看上去像正文，那么就给它安排宋体五号字的格式；……如此这般，自动化过程就完成了。

图 4-1 显示了机器学习的流程。那一万份文档是数据和答案（其中已经排好版的标题和正文对应的格式就是答案）。程序框左侧输入的数据是还没有排版的新文档，右侧输出的答案就是用户需要的新文档的编排样式。

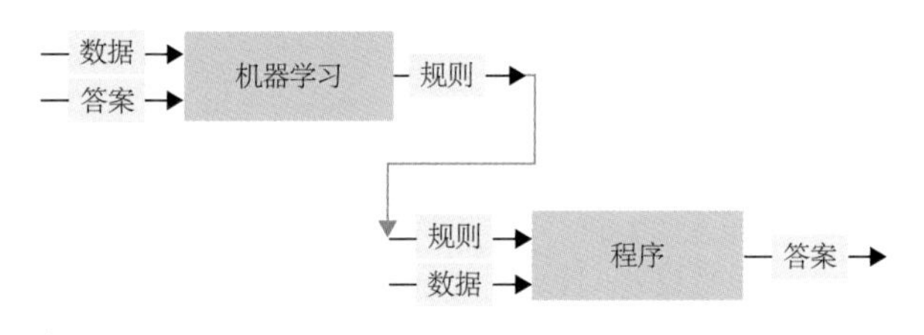

图 4-1 机器学习的流程

机器学习是从数据中自动学习规则，而普通的计算机程序是运行预先给定的规则。通常通过机器学习形成的规则会嵌入软件中，作为一种规则得以应用。事实上，Word 里已经有通过人工智能获得的规则知识了。如，Word“绘图”菜单中内置了将墨迹转换为形状的功能，这个功能就是让人工智能算法识别手绘图形，然后根据其学到的关于手绘图形的知识，生成最接近的形状（图 4-2）。

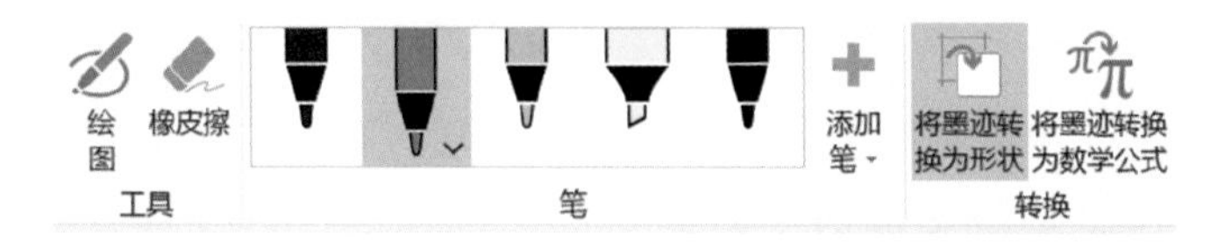

图 4-2　Word 软件将墨迹转换为形状

人工智能与数据

2016 年谷歌的人工智能机器人“阿尔法狗”(AlphaGo)战胜韩国棋手李世石，人工智能得到了广泛的关注。其关键技术深度学习在图片识别、语音识别等领域取得了巨大的成就，人们关于人工智能的认知大部分聚焦到了深度学习上。事实上，深度学习技术是机器学习技术的一个类别，而机器学习技术是人工智能大范畴中的一个类别。无论是深度学习还是机器学习，乃至整个人工智能，都对数据提出了需求。

互联网孕育了规模巨大的数字经济。人类快速适应，巨量的人机交互使得数字足迹急剧增长。数字经济中的利益主体都有利益诉求，而这些诉求驱使人们（更确切地说是互联网上的各种网站和软件）及时、深入地理解人类交互行为以及交互行为背后的人类思维，从而为数字经济提供服务。为了处理海量的数字足迹，各种人工智能算法应运而生。人工智能算法需要数据来帮助其提高模式识别和预测的效果，而这些海量的数字足迹刚好有了用武之地。

机器学习的直觉

图 4-3 是从电子表格软件 Excel 中截取的，图的上部有一个公式 $y=kx+b$，这是初中数学直线方程的一种（斜截式）。

$$y=kx+b$$

B2 fx =A2*2+2

	A	B
1	x	y
2	1	4
3	2	6
4	3	8
5	4	10
6	5	12
7	6	14
8	7	16

图 4-3　从 x 求 y 的值

在本例中，$k=2$，$b=2$。我们在学数学的时候是不是做过很多这样的练习题，要求我们从数据中总结出规律，然后给出正确的答案？是的，这就是在考验我们从数据中找出规律和模式的能力。虽然我们依然不知道大脑究竟是如何学习的，但是，人工智能科学家们已经用数学方法教会了计算机从数据中学习。

这个例子是典型的监督学习。即我们有很多已知的（x，y），假定选择直线方程作为模型，可以随机给定初始的 k 和

b，通过输入 x，得到 y，如果结果与 y 相差很大，就调整 k 和 b（调整的方法涉及高等数学中的求二次方程极值和导数方面的知识，在此不详细展开）。最终，我们得到了非常接近真实的 k 和 b 的值，也就得到了一个可用的方程式。借助这个方程式，如果有一个新的 x，就可以求得 y（图 4–4）。

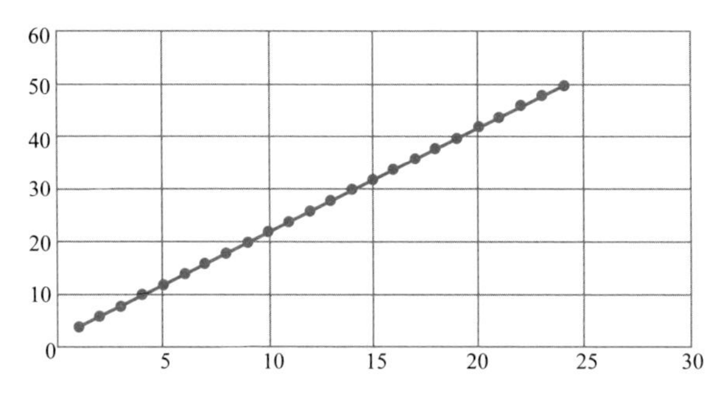

图 4–4 “从 x 求 y 的值”数据的可视化（直线）

在上面的例子中，x 是变量，y 是要预测的值。实际情况要比这复杂，但与此类似。让我们更进一步，看看图 4–5 中的平面方程：

$$z=5x+5y+7$$

我们现在使用两个变量 x 和 y 来预测 z。图中红色的点没有落在平面上，蓝色的点落在了平面上。机器学习的工作就是确定这个平面的参数，然后根据新的 x 和 y 预测 z。

我们将上述平面方程中的符号稍做改动，将 x 改写为 x_1，y 改写为 x_2，z 改写为 y，将直线方程中的 k 改成 w，那么在此平面方程中就有两个 w，其中 w_1 对应 x_1，w_2 对应

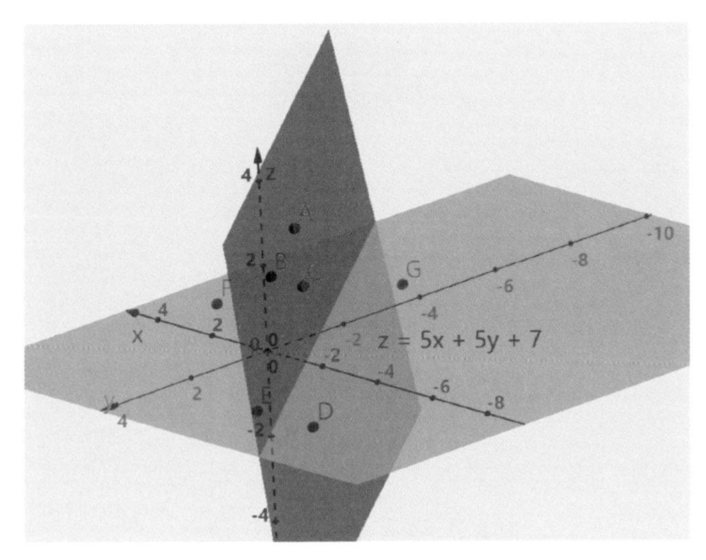

图 4-5 三维坐标系中的平面

x_2，直线方程中的 b 不变，于是就有了以下公式：

$$y = w_1x_1 + w_2x_2 + b$$

这个公式还可以换一种表示方法：

$$y = \boldsymbol{w}^T\boldsymbol{x} + b$$

其中 $\boldsymbol{w}$ 就是 $[w_1,w_2]$，$\boldsymbol{x}$ 就是 $[x_1, x_2]$。

这里的 $\boldsymbol{x}$ 与前面直线方程中的 x 不太一样，在直线方程中 x 表示一个数，而现在 $\boldsymbol{x}$ 是由一系列的数表示的。在机器学习中，人们将这样的表示称为特征向量，用以表明一个事物不同的属性。比如 x_1 是地区，x_2 是家庭经济状况，我们可以用它们来预测受教育程度，也就是 y。

再进一步，我们看看深度学习是怎么回事。

图 4-6 是以上平面方程的计算图。

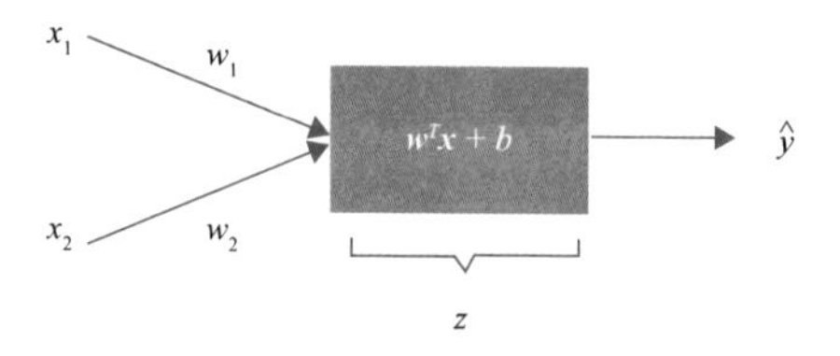

图 4-6 平面方程的计算图

现在我们对它稍做修改，得到图 4-7。

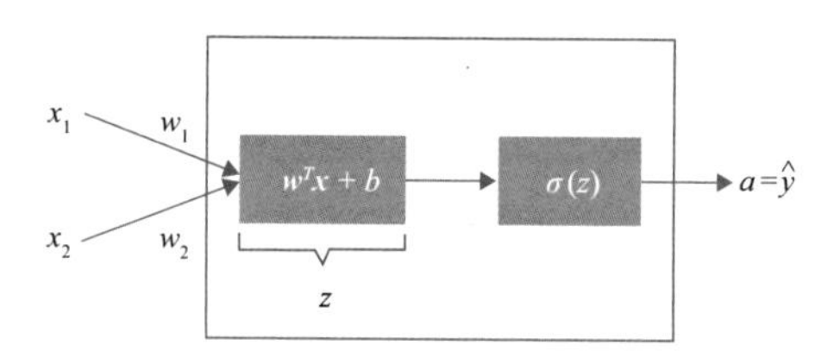

图 4-7 带有激活函数的计算图

图 4-7 相比图 4-6，多了一个 $\sigma(z)$，这被称为激活函数，其中 $z=\boldsymbol{w}^T\boldsymbol{x}+b$，$a=\sigma(z)$。所谓激活，我们可以简单理解为 $z>100$（100 是我们为叙述方便而假定的值）时，$a=1$，否则 $a=0$。

引入激活函数非常重要。本书前面介绍了直线方程和平面方程，设想，如果现在是很复杂的曲线呢？这种情况下，通过引入激活函数就可以构建深度学习，也就可以学习复杂的曲线了。图 4-8 是一个典型的深度学习示例。

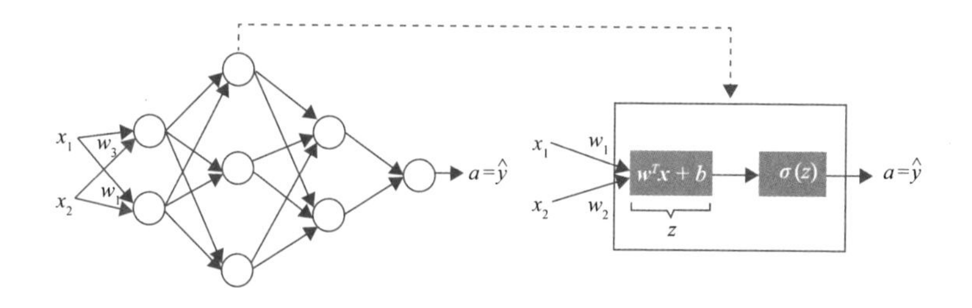

图 4-8 典型的深度学习示例

图 4-8 中的红色线条表示 w_3 和 w_4（实际上严格的数学标记并非如此，这里为了叙述方便直接使用下标 3 和 4），引入新的更多的 w 就是为了设计出更多的方程，从而提高机器学习的预测能力。在这里，相当于又多了一个平面方程：

$$y=w_3x_1+w_4x_2+b$$

图 4-8 中的每一个圆圈都对应图右侧大框中的计算方法，每一个圆圈输出值是 a，每一列的 a 通过新的 w 连接到下一列的圆圈时，就相当于新的 x。因此，从整个图来看，就有了很多个方程，很多个 w。从左到右，一列又一列，如此就成了深度学习[①]。如同前面的直线方程、平面方程一样，深度学习的目的也是获得这些 w。

从数字足迹到特征向量

可以说，机器学习所做的事情本质上就是数学运算。机器学习是通过计算获得方程式的系数或者某种概率分布的参数的过程。由此，运用机器学习必须将需要处理的事物转化为数字，并且通常使用向量来表示。

上文已提到，在机器学习中，特征向量就是用一组数字来描述事物的各种特征的，同我们在三维坐标系中表示一个点类似。事实上，我们可以把机器学习中的特征向量理解为多维空间坐标中的点，其中每一个数字就是点对应于坐标分量的值，而每一个坐标则对应于事物的一个特征。我们无法绘制出超过四个维度的向量的可视化图像，但每

① 深度学习有很多种不同的模型结构，本书展示的是其中经典、基本的结构。

次遇到机器学习中的高维度向量的时候，我们始终可以想象、回顾三维系统中的点的情况。

总体上说，有两类需要转化为向量的情况。

第一类，事物已经被人们赋予了一些显而易见的属性。比如，描述一个学生的特征（图 4-9）。这样的数据很容易用向量来表示。

id	性别	年龄	籍贯	身高	月均消费
20190142	1	15	13	130	240
20190143	2	17	12	140	300

图 4-9 学生的特征

注：为方便叙述，使用数字代码来表示学生的性别和籍贯。

第二类，事物本身没有显而易见的属性，没有用属性值来表示。比如一个词“猫”。针对这类问题，人们想了很多方法来将其数字化。最直观的就是用一个词典来表示。比如我们有 1 万个词，将这些词按顺序编成词典。假设“猫”在词典中是第 1 个，那么我们就有一个 1 万维的向量，这个向量的第一个位置是 1，其他所有位置都是 0。

[1，0，0，0，…0]

由此类推，我们就可以用向量来表示这 1 万个词了。这种表示被称为词的独热表示（One-hot Representation）。但是，这种表示一方面随要处理的文本词典的大小而变化，另一方面不能表达词和词之间的关系信息，因此研究者提出了词的分布式表示（Distributed Representation）技术，其中最有代表性的是 Word2vec[①]（Mikolov, Chen et al.,

① Word2vec 是一组用来产生词向量的相关模型。

2013)。运用词的分布式表示技术，“北京”这个词可以这样表示：

[0.134,0.3,0,6⋯0.7]

这个词向量的维度通常比独热表示小很多，可能只有200或者300，而且每个维度上有一些经过特定计算得到的数值。词的分布式表示是基于以下思想来处理词的。

词的实际含义是由词的上下文决定的，因此，在一个数据量很大的文本材料中，我们选定一个目标词，然后将所有包含这个词的语句提取出来。在这些语句中做这样的工作：这个词的前面若干位置范围内的词和它配对，后面若干位置范围内的词和它配对。这样就有了很多的（目标词，其他词）组合。（目标词，其他词）相当于前面提到的（x，y）。当我们将大量的（x，y）输入一个只包含隐含层的神经网络中，这个网络的输入是x，输出是y出现的可能性（x出现的时候，y出现的可能性）。经过学习之后，就能够得到很多的a，这差不多就是词向量了。[①]

词向量的分布式表示有很多优点。第一，相比独热表示，它的维度很低，如谷歌基于大量文本得到的超大规模词向量维度通常是300；第二，它甚至可以表达一些语义和关系。

数字足迹的一部分属于第一类情况，只需要依据必要的数据处理规则就可以得到很好的用户特征向量。还有一部分是文本类型的，包括博客文本、用户评论文本等。比

① 由于不是严谨详尽的数学和算法描述，这里使用了“差不多”一词。此外，“输出是y出现的可能性”也是一种近似的说法。感兴趣的读者可参考米科洛夫等的研究成果（Mikolov et al., 2013）。

如，用户在电商平台上留下大量产品评价，平台可以利用这些评价文本来分析用户的观点和情绪。慕课（Massive Open Online Courses，MOOC）平台上也有学生留下的大量学习评价，平台可以借此分析学生的学业情绪等。当然，数字足迹还包括很多其他类型的数据，比如用户头像、照片、视频等。总的来说，只要将数字足迹转化为各种各样数字化的表达形式，就可以让人工智能算法进行处理。

您的偏好 AI 可计算

人是由其行为刻画的，而行为可以理解为与不同环境的交互。一个人，自呱呱坠地之后，就开始有了区别事物的能力和倾向。我们设想，随着成长，他开始喜欢灰色、正式、合体的衣服，不喜欢亮色、随意、紧巴巴的衣服；开始喜欢吃甜食，不喜欢吃咸的；……这些就是一个人的偏好。

一个人的偏好是通过日常交互表现出来的，其交互信息可被其他人感知到。长期同这个人一起生活的人，在不断沟通和认识的过程中了解到这个人的偏好。在生活中，大多数时候，为了相处融洽，人们会有意无意地“投对方所好”。

当今的网络世界其实是构筑在价值传递基础之上的。简单地说，网络上的一切其实跟我们在购物中心看到的没有本质区别，都是希望能吸引客户。我们只要打开浏览器，铺天盖地的广告就随之而来。网络服务提供商迫切希望实现精准的价值推送。

要实现精准的价值推送，必须了解一个人的偏好。在现实世界中，一个人的偏好是由与其交互的其他人来感知的；在网络世界中，一个人的偏好依赖于程序算法对此人和其他人的数字足迹的分析。当今社会，这类程序算法普遍可以归入人工智能的范畴。

观察和计算偏好是人类社会交互所需要的，也是人类大脑擅长的。现在，人工智能也可以做到了。我们来看一个例子。

假设我们运营一个文章服务网站[①]，一个重要目标是保持和发展用户。要达到这样的目标，除了拥有越来越多具有时效性的文章之外，还要提供更好的用户体验，能够持续地给用户推荐其喜欢或可能会喜欢的文章。为此，我们要更好地了解用户。基于上文提到的各种各样的数据采集技术，我们持续获得了用户在该文章服务网站上的交互行为数据。现在，我们取其中一批非常简单的数据（图4-10）：

	timestamp	eventType	contentId	personId	sessionId
43399	1469531421	VIEW	897043351348716074	-4312494396888667550	-9076788125033011516
8562	1463766739	VIEW	-4613284400780388067	-7456488753754080246	8916924129101545638
44472	1470928101	LIKE	5237574390644778994	-1032019229384696495	-1645412028598007310
65406	1483023790	VIEW	-7423191370472335463	-7240735065448254654	3663982981917393154
1199	1465577723	VIEW	-5976464170927897250	-2979881261169775358	6661249173876371595
43738	1470871220	VIEW	3472032465864014134	3656474357668705759	-6811109648855135280
29690	1460328910	VIEW	2296515698565489277	1623838599684589103	7409946772854966823

图 4-10 用户在文章服务网站上的交互行为数据

①本例取自 https://www.kaggle.com/meflyup/recommender-systems-in-python-101，分析时进行了一定的修改。数据使用遵循《数据库内容许可》(https://opendatacommons.org/licenses/dbcl/dbcl-10.txt)。

这些数据记录了用户在文章上的交互动作。其中“timestamp”是时间戳，“personId”指向一个用户，“contentId”指向一篇文章，“eventType”指向用户在这篇文章上的交互动作类型，如查看（view）、点赞（like）等。

要想很好地给用户推荐文章，就需要了解用户的偏好。在这个例子中，用户的偏好其实就是用户对哪些类型的文章感兴趣。实际上，最后计算出来的情况如图 4-11 所示，表明一个用户对于学习、机器学习等方面的文章特别感兴趣，这是通过关联（relevance）来确定的。

	token	relevance
0	learning	0.298732
1	machine learning	0.245992
2	machine	0.237843
3	google	0.202839
4	data	0.169776
...	...	...

图 4-11　基于用户历史交互动作计算的用户对文章的偏好

这种计算方法其实就是对用户的历史交互动作进行统计。首先给每种交互动作赋予一个数值，用来表示每种交互动作对其兴趣偏好影响的强弱。如给查看赋值 1，给点赞赋值 2，给收藏赋值 2.5，给评论赋值 4①。然后，对用户在某篇文章上的历史交互动作数值的总和进行必要的平滑处理，得到如图 4-12 所示的用户（personId）、文章

① 数值的确定取决于特定的业务，通常需要结合经验值和必要的数学方法。

（contentId）、交互强度（eventStrength）数值。由此，我们就能知道哪篇文章是用户交互比较多的，一般来说可以由此确定用户偏爱这篇文章。

	personId	contentId	eventStrength
17878	-709287718034731589	-330801551666885085	7.851749
17863	-709287718034731589	-1313614305945895108	6.149747
37822	8676130229735483748	3739926497176994524	6.149747
17836	-709287718034731589	-3027055440570405664	6.108524
24369	2195040187466632600	-1633984990770981161	5.599913
26043	2947963873628556360	-6642751159620064055	5.554589
21711	983095443598229476	-133139342397538859	5.491853
17334	-1032019229384696495	2857117417189640073	5.442943

图 4-12　用户—文章交互强度

然而，即便如此，我们对于用户偏好还是知之甚少，因为从计算的角度看，对特定文章的偏好排序还是无法帮助我们了解用户的真实偏好。我们需要了解用户对于文章特征的偏好。为此，我们需要进行进一步的处理。

一个比较直接的想法就是，把对文章的偏好映射到对文章特征的偏好上，把文章的特征细化出来。就像我们对一个人按 1—5 打分，分别给他的性格、外貌、身高打分……。我们对文章也要进行这种细化，从而提取出特征。对于一篇文档，最常见的特征表示方法是词袋模型（Bag-of-Words，BOW）。但是词袋模型对于句子中词的重要性的表示存在不足，于是人们又发明了词频—逆文档频率（Term Frequency-Inverse Document Frequency，TF-IDF）方法来优化重要词语的表示，图 4-13 显示了从词袋模型表示到 TF-IDF 表示的计算，其中左侧紫色框是文本 1

所有文本中包含的词	文本1 我喜欢看机器学习、科幻小说和数学书	文本2 我喜欢看物理书和数学书	文本3 我喜欢看小说	IDF	TF-文本1	TF-文本2	TF-文本3	TF-IDF 文本1	TF-IDF 文本2	TF-IDF 文本3
我	1	1	1	0.000	1/9	1/8	1/4	0.000	0.000	0.000
喜欢	1	1	1	0.000	1/9	1/8	1/4	0.000	0.000	0.000
看	1	1	1	0.000	1/9	1/8	1/4	0.000	0.000	0.000
小说	1	0	1	0.176	1/9	0	1/4	0.020	0.000	0.044
科幻	1	0	0	0.477	1/9	0	0	0.053	0.000	0.000
机器学习	1	0	0	0.477	1/9	0	0	0.053	0.000	0.000
数学	1	1	0	0.176	1/9	1/8	0	0.020	0.022	0.000
物理	0	1	0	0.477	0	1/8	0	0.000	0.060	0.000
书	1	2	0	0.176	1/9	1/4	0	0.020	0.044	0.000
和	1	1	0	0.176	1/9	1/8	0	0.020	0.022	0.000

词袋模型表示 → TF-IDF表示

图 4-13 从词袋模型表示到 TF-IDF 表示

的词袋模型向量表示，而右侧的紫色框就是文本 1 对应的 TF-IDF 向量表示。

计算过程其实非常简单，比如对于词“我”，有：

IDF（我）= LOG（3/COUNTIF（B3:D3，“<>0”））①

TF（我 – 文本 1）=B3/（B3+B4+B5+B6+B7+B8+B9+B10+B11+B12）

TF-IDF（我 – 文本 1）=TF（我）*IDF（我）

其他词可采用对应的表格值进行类似计算。

于是，文章服务网站采用上述 TF-IDF 方法可计算出每篇文档的 TF-IDF 表示。只不过对于文章来说，维度很大，可能有几千甚至上万个维度，具体由一个文档集合中出现的有意义的词的总数决定，而每一个维度对应的数值是通过 TF-IDF 方法计算出来的。如此，对于一篇文章我们就有了如图 4-14 所示的特征表示。最后，我们计算每一个特征维度

① 为避免计算 IDF 时分母为 0，实际计算中会进行一定的处理：COUNTIF(B3:D3,“<>0”)。表示判断 B3 到 D3 中每个单元格中的数字，如果不等于零，就计数 1 次。

的交互强度，求平均后即可得到用户对这个特征的偏好。

	特征维度1 计算机	特征维度2 人工智能	特征维度3 教育	特征维度4 大数据	特征维度5 学习分析	…	特征维度n 机器学习
文章1	0.2	0.5	0.3	0.2	0.5		0.2
文章2	0.1	0.2	0.1	0.6	0.1		0.5
文章3	0.01	0.1	0.3	0.2	0.3		0.1
…							
文章m	0.4	0.1	0.2	0.7	0.3		0.8

图 4-14 TF-IDF 文档特征表示示例

综上，我们基于一个用户的足迹数据，可以计算出其看文章的兴趣偏好。这样计算得出的偏好与用户对某篇文章的偏好相比更加精细化，这就好比“我喜欢智能手机”和“我喜欢有触摸屏、分辨率高、有高性能显卡、有超大容量电池的智能手机”之间的差别。因此，这样的偏好能有效地帮助平台和系统进行类似文章的推荐。

通过上面的例子，我们了解到了一种非常基本的基于内容和用户足迹的偏好计算方法。事实上，人们还可以利用贝叶斯网络、深度学习等人工智能技术计算用户的偏好。

对于用户偏好，除了利用目标用户个人的足迹数据进行计算之外，还可以基于群体数据进行计算。例如，协同过滤推荐技术，其基本思想就是对多个个体有关某事物的数据进行分析，确定个体对于事物偏好的相似度，从而完成个体的偏好计算。

您的人格特质 AI 可探知

社会心理学研究发现，人格特质在人们管理自我所传达的形象方面扮演着重要的角色。尽管社交媒体允许用户塑造自己的个性、提出理想化的观点（为自己设定理想化的虚拟身份），但社交媒体行为通常代表着自我的扩展（对现实生活的扩展），因此通过用户留在社交媒体上的数字足迹可以观察到用户的真实个性。比如，现在很多人都有至少一个社交媒体账号（如微信、QQ、微博账号），从注册个人信息开始，我们就已经在社交媒体上留下了自己的痕迹。

在注册账号时，我们会完善自己的信息，包括所在地区、性别等，并思索取什么网名、头像用什么图片。我们的头像可能是自己的照片，也可能是网上找的插画等，但无论用什么头像，都是我们自己选择的代表自己的线上角色的形象，反映了我们想要传达给他人的自我形象。这其实是我们的现实生活的扩展，这些选择代表了我们的行为，而这些行为和我们的人格特质相关，相应地也可以预测我们的某些心理特征。

大五人格特质理论是一种被广为接受的人格特质理论（Costa et al.，1992），研究人员基于此理论开展了广泛的研究，并获得了大量的有关各类特质的行为表现的信息。

知识链接：大五人格特质理论

心理学上的大五人格特质包括开放性、尽责性、外向性、宜人性、神经质，这一理论得到了广泛的研究并被证明具有跨语言、跨评定者和跨文化的稳定性。

开放性反映了一个人的好奇心、创造性、多样性。具有高度开放性的人会喜欢体验一些新的、刺激的事物，他们有着广泛的兴趣爱好，愿意尝试不同的活动，去一个新的地方，吃不同寻常的食物，进行一些极限运动如跳伞、冲浪、蹦极等。

尽责性反映了一个人的自律性，对学习工作尽职尽责，追求成功，目标导向意识强烈。尽责性得分高的人被认为是可信赖的、执着的，尽责性得分低的人可能会表现得冲动、草率。

外向性反映了一个人的自信心与积极情绪。外向性得分高的人会有较强的社交能力和与他人交流的能力，外向性得分低的人会倾向于谦逊、腼腆与沉静。

宜人性反映了一个人的同情心与合作能力，可以衡量一个人对他人的信任程度与帮助他人的能力。宜人性得分高的人会倾向于为人坦率、待人真诚，具有同理心；而宜人性得分低的人会倾向于猜忌，防卫心理较重。

神经质反映了一个人的情绪稳定和冲动控制能力，神经质与对压力或厌恶型刺激的低耐受性相关。神经质得分高的人情绪反应强烈，容易感受到压力，更有可能将普通情况看成威胁，而将小小的挫折看成令人绝望的困难，其负面情绪反应往往会持续异常长的时间。神经质与对学习、工作的悲观态度或焦虑有关。

当前的社交网站和电子商务网站等越来越倾向于考虑用户的人格特质，以提供更具适应性和个性化的用户体验。用户在网站和软件上发布的文字、图片经常被用来预测其个人特质。假如社交网站预测您的人格特质之一是开放性高，那么给您推送的广告可能更多的是新的美食产品，诱导您尝试，促使您冲动消费。以下是IBM（International Business Machines Corporation，国际商业机器公司）关于人格特质与商业行为的一些研究成果，显示了人格特质对于数字商业活动和信息传播的重要性。

IBM 发现，具有特定人格特质的人，对信息收集与信息传播任务的响应可能性和文章转发数更高。例如，在“寻求刺激”上得分高的人响应的可能性较高，而在“谨慎”上得分高的人响应的可能性较低（Arnoux et al.，2017）。与此类似，在“谦逊”“开放性”“友善”上得分高的人传播信息的可能性较高（Lee et al.，2014）。

根据社交媒体语言推断出的开放性得分高而情绪程度得分低的人，更愿意积极响应（例如点击广告链接或关注账号）。这些结果已通过基于调查的参考标准核验得到证实。例如，瞄准开放性得分最高和情绪程度得分最低的 10% 的用户，可将点击率从 6.8% 提高到 11.3%，并将关注率从 4.7% 提高到 8.8%。

那么，人工智能究竟是如何根据数字足迹推测用户人格特质的？其实，这依然是一个用 x 计算 y 的过程。

一般来说，人们首先利用心理学领域的研究成果，也就是人格特质量表或问卷进行测算。图 4-15 就是一个人格特质测量问卷的例子（Zhang et al., 2019）。这些问卷都是

人格特质	题目内容	完全不符合	大部分不符合	有点不符合	有点符合	大部分符合	完全符合
神经质	我常担忧一些无关紧要的事情。	1	2	3	4	5	6
	我常常感到内心不踏实。	1	2	3	4	5	6
	我常担心有什么不好的事情要发生。	1	2	3	4	5	6
尽责性	我喜欢一开头就把事情计划好。	1	2	3	4	5	6
	我工作或学习很勤奋。	1	2	3	4	5	6
	做事讲究逻辑和条理是我的一个特点。	1	2	3	4	5	6
宜人性	我觉得大部分人基本上是心怀善意的。	1	2	3	4	5	6
	虽然社会上有些骗子，但我觉得大部分人还是可信的。	1	2	3	4	5	6
	尽管人类社会存在着一些阴暗的东西（如战争、罪恶、欺诈），我仍然相信人性总的来说是善良的。	1	2	3	4	5	6
开放性	我是个勇于冒险、突破常规的人。	1	2	3	4	5	6
	我喜欢冒险。	1	2	3	4	5	6
	我身上具有别人没有的冒险精神。	1	2	3	4	5	6
外向性	我对人多的聚会感到乏味。（R）	1	2	3	4	5	6
	我尽量避免人多的聚会和嘈杂的环境。（R）	1	2	3	4	5	6
	我喜欢参加社交与娱乐聚会。	1	2	3	4	5	6

图 4-15　人格特质问卷示例

研究者基于深入的研究编制出来的，其评价结果具有很高的可信度和准确度。

我们从受试者那里获得他们对问卷中若干问题的回答，然后根据这些数据计算受试者的人格特质的类型，如此，就得到了 y。接下来，采集受试者的数字足迹信息，包括他们发布的微博内容、博客内容，他们在社交网络中的更新状态、好友链接状态、好友数据、发布的评论数据，等等。对这些数据进行必要的清洗、处理，再按照前文所述的方法将其转化为以数字表示的特征向量，如此，就得到了 x。我们可以收集几千个甚至更多受试者的数据，这样就能得到大量的（x，y）。请回想本章“人工智能”部分的内容，有了这些（x，y）之后，我们就可以采用某种机器学习的方法来推算出一批公式的参数，从而比较好地拟合这些 x 和 y。之后，对于来自网络上的某个人的数字足迹，只要我们构造相同形式的 x，将其交给那批已经有了参数的公式进行计算，就可以得到 y。这样，我们就从互联网用户的数字足迹信息推测出了他们的人格特质。

显然，通过人工智能来计算人格特质，相对于采用问卷的方法更加便捷，可以将人格特质分析的应用范围从学术研究、心理咨询等有限的专业领域迅速扩展到网络场景，从而为用户提供基于人格特质的服务。

您的学业情绪和观点 AI 可探知

人类对于他人的情绪是极为敏感的。我们能够通过他人的面部表情（如眨眼、瞪眼、皱眉、瘪嘴）以及说话的语气（如快慢、音调等），来判断其当前的情绪。情绪通常是个体在对某件事表达出某种看法时的产物。因此，分析情绪也就是分析个体对于某件事表达出的即时情感态度。研究表明，情绪对于认知和决策具有重要意义（罗跃嘉 等，2006；Lerner et al.，2015）。在社会交互活动方面，判断他人的情绪能为我们做出下一步行动决策提供关键信息。

在商业领域以及对应的学术领域，情绪分析已经发展了几十年。其目的在于了解用户对于某种商品、服务的看法和情绪，从而提取有效信息，帮助开发和优化商品、服务等。在教育领域，研究者提出了学业情绪的概念（Pekrun et al.，2011），认为学业情绪相关信息对优化教学具有重要作用。具体而言，通过挖掘学习者对课程的评论，我们可以获取学习者对某门课程的态度倾向分布和建议，直观地了解学习者学习体验的好坏及对某门课程教学内容和教学质量的满意程度。在学习者观点挖掘的基础上，我们可以通过协助学习者选课、促进教师改进授课形式和内容等方式提升学习者的学习体验。

随着大规模在线学习的兴起，传统情绪测量方法的不足日益显现：第一，传统的测量基于量表、问卷、访谈等，测量对象数量、时间、地点受到限制，难以适应在线学习对于个性化教育的需求；第二，量表和主观报告是一种侵入式的测试，受到社会赞许效应、霍桑效应等心理效应的影响，学习者在测试过程中表露的幸福感指标数据存在偏差。因此，研究者开始尝试借鉴商业领域的研究思路，基于人工智能对学业情绪进行自动化测量。

在大规模在线学习场景下，学习者与平台的交互非常多。对于学习者来说，其数字足迹中最方便、最适合用来分析其学业情绪的数据是其对各种课程的评论。这些评论通常蕴含了学习者对于平台、教师、课程等方面的看法和心理感受，值得去挖掘、分析与总结。图 4-16 截取了某在线学习平台上某门课程的一条评论。这条评论中既包括对

A****

★★★★★

视频清晰，教学还可以，思路清晰，我很喜欢，但是习题不够多

已上课2小时60分钟时评价 2017-01-31

图 4-16 在线学习平台上的课程评论

教师讲授的评价，也包括对平台媒体技术的评价，还包括对课程的评价；既包含高兴、满意类型的情绪，也包含失望、遗憾方面的情绪。

事实上，有相当一部分用户体验信息可通过情绪和观点分析来获得。在人工智能迅猛发展的背景下，利用新兴技术推进教育信息化建设，打造更加智能、体验更好的在线教育平台，是提升学生学习效果、为学生未来发展打好基础的关键。面对在线教育平台中海量的评论内容，人们需要一种能够自动对大量评论数据进行观点挖掘的方法，进而分析和挖掘评论中细粒度方面的观点。这样才能使用户更快速、更准确地发现评论中有价值的观点，平台由此也能为用户提供更有效的推荐等服务。

这时，学生在课程评论方面的数字足迹与人工智能相结合，就可以发挥作用了。这个过程依然是一个机器学习

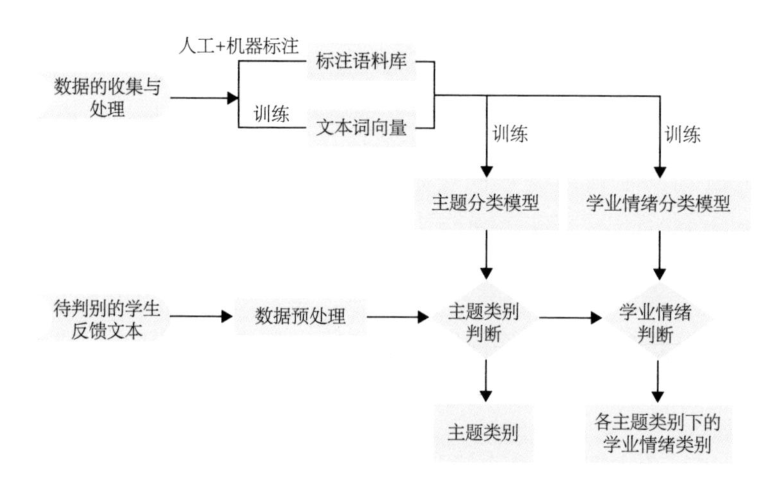

图 4-17　学生评论文本情绪分析流程

来源：Feng et al.，2020.

的过程。图 4-17 展示了一种学生评论文本情绪分析流程。

一般来说，第一步，开发者会编写一个小程序，这个小程序叫作网络爬虫①，它的作用是从网上自动采集大量的学生评论数据，就像图 4-16 中的数据那样。开发者最终可能收集到大量的数据，比如，我在早前的研究中就曾获得过 20 万条这类数据（Feng et al.，2020）。事实上，工业产品级别的文本分析的数据采集量可达到上亿条。之后，开发者从这些数据中选择若干条，对其进行人工标注，确定其情绪类别或者情绪极性。这样就有了（文本，情绪）这样的数据。请回想“机器学习的直觉”部分的内容，实际上我们就有了很多已知的（x，y）。

第二步，对这些数据进行必要的清洗处理，就像我们洗菜一样，那些枯黄无用的老叶子都不要了。在文本数据中，类似“了”“的”这样的字通常需要剔除。

第三步，也是关键的一步，即将自然语言文本数据转化成数字。最终的机器学习处理的就是数学运算。这种转化其实是一个词典处理过程，即针对这几十万条经过处理的文本，把其中所有的独立字词都进行数字编号。常用的处理方法除了前面提到的独热表示、TF-IDF，还有基于神经网络的编码表示、特征哈希（Feature Hashing）等。最终，文档以向量空间模型的方式被表示为一个向量，就像图 4-14 中的各行数据那样，只不过其中的数值计算方式不同，对应的特征名称及意义也不一样。

---

① 百度、谷歌等搜索服务提供商使用网络爬虫，持续地从互联网上抓取网页数据，建立索引，从而方便用户搜索、查询。

第四步，对大量文本条目的情绪进行分类。利用上述（x，y），采用某种监督机器学习的方法（目前深度学习使用的方法）即可获得复杂的公式（请回想“机器学习的直觉”部分的内容），利用这套公式可以对未知的文档进行情绪分类。

您的学习路径 AI 可规划

学习就是一段旅程，是从一个点到另一个点的过程。设想一下，在一个平面上，自左到右画了 10 条平行线，每条平行线上有 10 个点。在第 1 条线的左边有一个点 A，在第 10 条线的右边有一个点 B。10 条线上一共标记了 100 个点，通过这些点将点 A 和点 B 连接起来，可能的路径数量极其庞大。每一个点代表了一个学习活动，学习者针对某一学习目标，选择不同的点进行学习，这些点所组成的一条线就是学习路径。

试想，不同学习者为了达到同一学习目标，会采用同一学习路径吗？比如，同样是准备大学英语四级考试，学习者是先背单词、练听力，还是先做阅读理解，或者几项一起进行？每个人的选择会相同吗？

在网络环境下，学习者自主学习的时间越来越多，但是由于无法全面掌握信息，特别是缺乏学习目标的知识背景信息，很多学习者很难发现合适的学习路径，不知道应该从何学起，更不知道如何合理地安排学习进度。所以，通过人工智能为学习者规划、推荐学习路径就是一件很有价值的事。这是一种基于学习者需求的定制学习服务，能帮助有着不同学习需求和特征的学习者更精准、有效地获得知识和技能。

学习路径规划就是为学习者完成某些学习目标提供合适的学习路径，推荐符合学习者学习风格的学习资源，实现学习的“私人订制”。简单来说，学习路径规划就是在从点 A 到点 B 的众多路径中选择一条适合学习者的路径，点 A 是学习的起点，点 B 是学习的终点。学习资源是相关知识点的文档、图片、音视频等可独立展示的材料。而如何做到针对不同学习者提供个性化的学习路径呢？首先要足够了解学习者，然后要足够了解学习者希望达成的学习目标的知识背景，在此基础上才能根据具体情况来为学习者规划路线。

这方面有很多可选的技术，如学习者画像（Learner Portrait）可以帮助我们了解学习者，而知识图谱（Knowledge Graph）则可以帮助我们获得系统的知识背景。

学习者画像

在信息时代，学习者的很多学习行为被记录下来，其在互联网上留下的所有与学习行为相关的轨迹，刻画了他是一位什么样的学习者，即学习者被打上了一系列标签。例如，一位学习者的画像是：偏好看视频，喜欢独立学习，掌握了有理数知识点，13 岁，男生……。事实上，学习者画像的绘制同前文中提到的偏好也有很多关联，为学习者画像需要确定学习者的学习偏好。

构建学习者画像，首先需要设计画像标签。就像我们要画同学小方的脸，先要确定他的五官形状，其中眼睛的形状有桃花眼、丹凤眼、杏眼等，眉毛的形状有柳叶眉、平眉、剑眉等，这些就是关于小方的画像标签。画像标签通常是人工定义的、高度精练的特征标识。例如，以学习的信息加工理论为基础，学习风格可以分为视觉型、听觉型、动觉型，视觉型、听觉型、动觉型就是一类有关学习风格的标签。学习者画像除了用到有关学习风格的标签，一般还包括学习者的基础属性、知识水平、学习动机、学习结果等标签。不同的研究者基于不同的研究目的，会设计不同的画像标签。

有了关于小方的画像标签，接下来就是采集小方的脸部数据，例如他的照片。对于学习者画像的数据采集来说，一方面互联网可以记录学习过程中的节点数据，如资源访问、论坛讨论、答题停留、答题正误、资源下载等，另一方面并非所有类型的数据都可以通过信息技术直接采集。

采集完数据后，就可以进行画像建模。我们对照小方的照片，发现小方的眼睛位置略高于标准眼位，眼裂的长宽比例适中，符合杏眼的特征，还有鼻子、嘴巴……，最终根据五官的不同标签，“画”出了小方的脸。画像建模就是采用合适的算法对采集到的学习者学习数据进行分析，建立数据和画像标签之间的逻辑关系；简单来说，就是我们把学习者的数字足迹数据输入模型中，由模型自动地给学习者打上标签。

知识图谱

通过机器获得的系统的、关于知识背景的知识图谱，是一个由各个知识点之间的关系构成的网状结构。知识图谱本质上是将领域知识体系化、关系化，以图的形式将知识展示出来。知识点之间的关系有两种性质：一是先导性，二是相关性。

例如，在学习编程的过程中，我们首先要知道什么是数据类型、运算符与表达式，接下来学习程序的三种基本结构。这两者之间就存在先导性关系，“数据类型、运算符与表达式”是学习“程序的三种基本结构”的先导知识。而循环结构、选择结构和顺序结构三者之间存在相关性关系，通过对三种结构的比较学习，学习者可以提高对相关知识点的掌握程度。

学习路径规划

用人工智能进行学习路径规划，是根据学习者的知识水平、学习风格和学习目标的知识图谱的差异，确定学习者所要学习的内容，依据学习者画像（例如学习风格等）呈现适合学习者的学习资源和活动的序列组合。同时，在学习过程中学习者的学习状态一直在改变，比如完成一个知识点的学习后，学习者的知识水平就发生了改变。所以，需要不断地对学习者的学习数据进行采集与分析，更新学习者画像，再动态调整学习路径，使学习者高效地完成预定的学习目标。

学习路径规划算法本质上是推荐算法，目前常用的推荐算法有遗传算法、粒子群算法、蚁群算法、人工神经网络算法、贝叶斯网络算法等。下面以蚁群算法为例进行介绍。

蚁群算法（Ant Colony Optimization，ACO）是受蚂蚁觅食行为的启发提出的。蚂蚁在觅食时，常常会遇到要绕开一个障碍物的情况，那么从障碍物的左边还是右边绕开，哪个路径更短？蚂蚁有一套自己的办法，它们会在行走的路径上留下信息素轨迹，并且这种信息素会以一定的速率散发掉。起初，蚂蚁向左和向右避开障碍物的概率是相同的，但是随着时间的推移，短路径上的信息素轨迹强于长路径，后面的蚂蚁就会选择信息素轨迹强的短路径，最终的结果是所有蚂蚁都会很快选择较短的路径（图 4-18）。

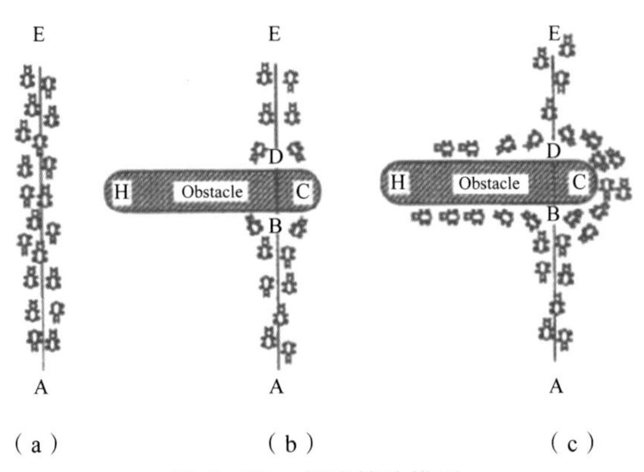

图 4-18　蚁群算法模型

注：（a）蚂蚁在 A 点和 E 点之间行进；（b）插入障碍物（Obstacle）；蚂蚁可以选择沿着两条不同路径（C 和 H）中的一条绕过障碍物继续行进（选择两条路径的概率相同）；（c）蚂蚁在较短的路径（C）上留下的信息素轨迹更强，逐渐有更多的蚂蚁选择该路径。

来源：Dorigo et al., 1996.

那么，如何用蚁群算法来为学习者规划学习路径？在这里，“蚁群”是一群画像相似的学习者，由于不同的学习者有不同的知识水平、学习风格等，所以在为某位学习者规划学习路线时，我们可以选择与其相似的其他学习者，即“画像相似的学习者”。“路径”包括从学习起点到学习目标的所有可能的学习路径。“信息素”被用来作为选择路径的依据。有的研究者用知识点的学习用户签到密度作为信息素（申云凤，2019），有的研究者将对知识点的评价作为信息素（程岩，2011）。其过程如图 4-19 所示。

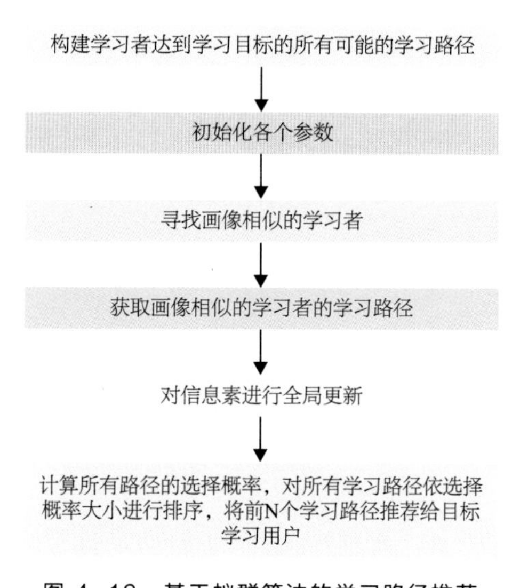

图 4-19 基于蚁群算法的学习路径推荐

AI 可能比您更懂您自己

本章的一些案例介绍了人工智能利用数字足迹了解人的常见情况，实际上，人工智能对我们的数字足迹的利用，正在日益渗入生活中的每一个角落。纪录片《智能陷阱》（*The Social Dilemma*）所描绘的正是这样的情景：人工智能算法结合海量的、不断更新的数字足迹，构建出散布于整个互联网上的零散而又庞大的预测系统。

人工智能进行的分析和推荐，是以人类在网络上的数字足迹为基础的，从某种程度上说，它确实比我们身边那些熟悉我们的人更了解我们。例如，在对您的个人特质的认识上，人工智能基于您的数字足迹所做的推测，可能要比您的亲朋好友的判断更准确。

五 数字足迹的影响

互联网改变了世界，而用户同互联网的交互同样改变了互联网，这是螺旋上升的过程。这种交互所产生的数字足迹在当今社会运转中具有重要的作用，它是诸如微信、脸书等社交软件的基础，是数据经济的“血液”，是用户在数字世界里真正的表达。

数字足迹支撑数字经济体系

数据在当今以及未来的经济社会发展中具有重要的作用，2020年4月发布的《中共中央 国务院关于构建更加完善的要素市场化配置体制机制的意见》指出，“加快培育数据要素市场”，数据正式被纳入生产要素范围。个人的数字足迹是数据要素中重要的一部分，数字足迹将自然人、数字人、设备和社会经济紧密联系在一起，对数字经济体系具有重要的支撑作用。

下面的案例展示了基于数字足迹的庞大而复杂的数字经济体系的冰山一角，这很可能也是您在生活中经历过的场景。

临近“双十一”，我想买一些木头来做一个用橡皮筋做动力的小木船，达到跟儿子一起做木工活儿进行“创客教育”的目的。我在电脑上打开了某购物网站，搜索了“木头”，之后网站显示了一个列表，我点击了列表中的几个商家，每一家都看了一会儿，最长的大概两分钟左右，短的则一扫而过。

这件事情是中午前后发生的。过了几小时，到了下午四点的时候，我打开了一个手机app。此时，令人不快的广告弹了出来，正是我看过的一家卖木头的商家广告，我果断关闭了。其实我并没有多么讨厌这个广告本身，毕竟木头确实是我希望购买的，如果推荐给我的商家很好，也能节省我苦苦搜索和筛选的时间。但我讨厌的是，我现在不想买东西，而这个广告的弹出浪费了我的时间。实际上，每次打开这个软件都会有几秒钟的广告展示，如果一不小心点进去了，就要耗费更多的时间。此外，这个广告推荐还浪费了我的数据流量。日积月累下来，手机上大量app推送的广告给我造成的时间和数据流量浪费就相当大了。

在这个例子中，广告点击和购买行为都会促成交易，海量的人和海量的广告结合起来，就是海量的经济活动。这是基于数字足迹的数字经济体系的冰山一角。回到问题的本质上来，网络广告投放者是怎么追踪用户的？假设您现在不是在网络上消费，而是真的到市场上去买东西，遇到了如下情形：

您在一家商店看到了想要的商品F，可能是因为犹豫或是被其他事情打断，最终没有买。可是商店老板B是个有心人，是老板圈中的“消息灵通人士”，很受欢迎。虽然他并不认识您，也不知道您的名字，但是他记住了您。他记得您是个高个子、国字脸、皮肤黝黑、嗓音低沉的人。他在他的老板朋友圈中发布了您的消息，让所有的商店老板都知道最近有一个高个子、国字脸、皮肤黝黑、嗓音低沉的人想要买商品F。于是最近几天，无论您走到哪家商店，无论您是否要买商品F，店家都会主动给您介绍各种品牌的商品F。甚至有些商店本身没有货，店家也会给您指出在哪里能买到。此外，其他的店家也会将您去他们各自店里留下的信息反馈给老板B。老板B掌握了您越来越多的信息，又可以继续在老板朋友圈中发布和更新您的信息了。

在这个例子里，老板B是您的商业活动数字足迹的采集者和持有者，而其他店家则是数字足迹受益者（同时也可以成为采集者），他们基于您的商业活动数字足迹信息实现了广告和销售目的。您的数字足迹数据不知不觉地就在这样的结构中被传播了。事实上，这里的老板B可以开一家店，完全不销售任何实物商品，只卖信息。一方面他向您提供服务，告诉您哪里有商品F；另一方面他也可以向其他商家售卖您的商业活动数字足迹。这时他就演变成了一个信息服务提供商。

这其实十分常见。搜索引擎网站就是这类提供商。商家在使用其提供的信息的同时，也为其采集新的信息，如谷歌就是靠被千千万万的网站嵌入其数字足迹采集代码，而在网络上构建起庞大的信息采集“神经系统”的。

网络上像老板B这样的主体有很多，除了搜索引擎，还有其他各类大型的服务提供商，只要它们体量足够大、用户数量足够多，就很有可能充当重要的个人数字足迹采集者的角色。采集这些数字足迹并非仅仅出于商业目的，也可以针对个人的网上言论、阅读行为等来进行分析。其他商家则对应各种普通网站，可以同时安置来自多种主体的数字足迹采集代码。因此，总体来看，网络上的数字足迹采集和服务错综复杂，但又完美、协调地运行着。

当然，实际上在互联网中，由于隐私法规的限制，商家不能直接售卖您的商业活动数字足迹，它只是基于您的足迹，采用各种机制，比如前面提到的人工智能算法，为其他主体提供信息服务。同时，信息要经过去隐私处理，这又涉及各种算法，其目的就是让其他人即使看到了您的这些商业活动数字足迹数据，也无法反推出您究竟是谁，从而实现隐私保护。

数字足迹为各类研究提供数据

在线互动日益成为我们日常生活的一部分。这些互动在单个事件层面上产生了关于人类行为和社会互动的时间戳记录，其规模是全球性的。现在，脸书等社交网站已经被很多研究者当作强大的研究工具。例如，打开剑桥大学心理测量中心的网站（https://applymagicsauce.com/demo），首页上写着这样一句话："Discover what your digital footprints reveal about your psychological profile."。中文意思是："你的数字足迹揭示你的心理状态。"

该中心基于来自脸书、推特（Twitter）等的用户数字足迹数据，进行了大量的心理测量研究。其研究成果显示，基于数字足迹研究进行自动化的心理测量具有很好的效果（Kosinski et al., 2013；Wu et al., 2015）。

基于数字足迹的信息分发影响个体行为

数字足迹是人同数字世界交互所产生的，这些交互持续产生关于我们的数据，而这些数据又被人工智能算法所分析，由此，网络上的各种平台对于个体和群体行为的洞察力越来越强。为了实现利益诉求，这些平台向特定个体或群体推送有针对性的信息。这些被推送给读者的内容通常很准确，因为平台推送的目的就是投其所好，推送内容往往也是读者偏爱的。

可是久而久之也会产生问题：有些人会对这种推送产生依赖。日复一日地接受人工智能推送的内容，我们可能会对特定风格的内容“上瘾”，渴望看到这些内容。而我们的行为也会随之发生改变，如主动去搜索这样的内容，不看或少看其他内容。这样，我们获得的信息也就越来越有局限性。

数字社会的隐私问题

随着面部和身体识别技术的发展，我们无论走到哪里都会留下数据痕迹。某个人或者机构如果掌握了您在互联网上的数字足迹，就可以知道您是谁。我们在前面分析数据采集时介绍了浏览器指纹技术，使用该技术可以大概率地确定一个用户（参见本书第二章“追踪用户和采集数据”一节）。在这种情况下，即便有法律的限制，个人数字足迹信息泄露的情况依然严重。个人数据的激增导致了所谓的“隐私悖论”：一方面，人们担心其个人数字足迹并未被安全地存储和使用；另一方面，很多人愿意交出其个人数字足迹数据，以换取服务和优惠。

如果有更好的监管个人数据所有权的办法，个人数据将真正成为个人的资产。数据驱动的技术有可能赋予个人权能，增进普遍权利，改善人类福祉，这取决于我们所实施的保护类型。

六 数字足迹的未来

在互联网上，我们不论做什么，背后或多或少都有一双双“眼睛”在时时刻刻地看着我们。这一双双“眼睛”属于我们所使用的那些数字服务的提供商。它们按照自己的利益诉求，捕捉我们同数字世界交互所产生的信息，使用各种人工智能算法来分析我们的数字足迹，甚至向第三方公开我们的数字足迹。

可是，作为这些数字足迹的主人，我们却很难获得我们自己的数字足迹，很难要求它们删除我们的数据，很难拥有向第三方共享我们的数字足迹的权利和自由，很难主动从我们自己的数字足迹中获取更多的价值。总之，当前的数字足迹生态模式的主要受益人，是捕捉我们数字足迹的数字服务提供商。

人们日益意识到数字足迹的价值及各种潜在的问题，

并提出了多种方案，有技术上的，有法律法规上的。个人数据由互联网企业控制会导致一系列的问题，包括个人隐私泄露、创新受阻、随意的广告分发等（Symons et al., 2017）。现在，数字足迹的掌控者，或者说可以捕捉数字足迹的人和机构控制了我们的数字足迹。只要愿意，这些人和机构可以采集、分析、贩卖由我们的数字足迹衍生的信息（比如借助人工智能技术分析出来的我们的偏好信息）。

正如有研究者指出的，确立数据的产权意识对于数据要素的市场化至关重要，目前来看，数据产权的确定主要分为三个方面：数据归谁所有，数据由谁使用，以及数据收益归谁（刘典，2020）。为了让数字足迹真正成为我们自己的数字足迹，而不是由不同的服务提供商所掌控，我们可以将数字足迹的核心问题也归结为三个方面：

- 数字足迹是谁的？
- 数字足迹可以被谁使用？
- 数字足迹可以被怎样使用？

英语学习

下面我们以在线学习为例，通过分析传统的英语学习场景与未来的英语学习场景，来探讨数字足迹的产生及使用情况。

传统的英语学习场景

很多英语学习者使用过单词软件，这些软件中比较典型的有有道词典、百词斩、扇贝单词、拓词等。这些软件可分为三类：一类是词典软件，一类是单词记忆软件，还有一类是人工智能技术增强的听说读写训练软件。这里只讨论第一类和第二类。

词典软件的主要目的是帮助用户查阅新单词。当我们阅读论文或者其他英文材料的时候，会碰到不认识的单词。这时，我们一般会选择使用这类软件查阅新单词。通常软件还会提供单词本功能，以便将所查阅的单词记录下来，利于日后复习。词典软件提供了强大的单词查阅功能，包含多种高质量来源的词库、不同的取词方法等。

单词记忆软件的主要目的是帮助用户快速、持久地记住单词。百词斩就是一款单词记忆软件，提供针对各类英语考试的单词记忆功能。通常，这类软件提供各种等级和类型的英语单词记忆方案，如中考英语、高考英语、大学英语四六级、托福、雅思等。这类软件的记单词功能比词典类软件强大。

然而，从学习者的需求出发，这两类软件都无法很好地满足英语学习的需求。我们在阅读英文材料的时候需要查阅词典，这是一个随机的、发生在真实场景中的过程；而在专门背单词的时候，我们需要在科学有效的方法指导下持续、有计划地进行。词典软件只能记录我们查阅单词的交互过程，我们在软件上交互所留下的数字足迹仅仅是查阅单词并将其记录到单词本中，除此之外，它并不能给我们提供背单词的功能。相应地，单词记忆软件虽然能够提供精心设计的背单词功能，记录我们背单词时同软件的交互信息，保留我们的数字足迹，并据此优化我们背单词的路径，却无法提供优秀的单词查阅服务，也无法获知我们添加到词典软件单词本中的内容。这两类软件是相互隔离的，用户需要在各个软件中独立操作，无法形成无缝、连续的学习过程和体验。

不同的软件有不同的资源和定位，要用一个软件满足所有的需求是不现实的。但是，或许有其他的方法。事物的发展总是要顺应形势，数字经济和互联网发展到今天，新的变化悄然而来，这一变化就是从数字足迹的权属和流通机制开始的。

未来的英语学习场景

展望未来，我们可以设想一种全新的学习模式。学习者在此模式中有一个统一的账号，用于登录词典软件和单词记忆软件。这个账号关联着一个数字足迹门户，该门户有众多的工具来帮助用户管理其数字足迹。门户还关联着一个存储空间，信息既可以存储在用户的个人设备如手机、电脑上，也可以放到用户个人的云存储上。当学习者在词典软件上查阅单词的时候，类似用户、查询、某个单词、时间这样的信息就被记录到了他的个人数字足迹存储中。当学习者在单词记忆软件中背单词的时候，类似用户、记忆、某个单词、时间、记忆状态这样的信息也被记录到了他的个人数字足迹存储中。上述记录形式由词典软件和单词记忆软件确定，但是记录的位置却从软件提供商那里转移到了学习者的个人数字足迹存储中。

现在，学习者掌握着自己的学习活动数字足迹，拥有向谁公开何种数据的权力。为了更好地开展单词记忆学习活动，学习者选择向单词记忆软件公开其词典查阅记录，包括用户、查询、某个单词、时间等。单词记忆软件获得了这些数据之后，就将其整合到背单词过程中，并及时更新相关信息，包括用户、记忆、某个单词、时间、记忆状态等。

过了一段时间，学习者希望获得一份评估报告，以便了解自己现在的词汇量究竟有多大。不巧，正在使用的词典软件和单词记忆软件都不具备这项功能。此时，学习者通过数字足迹门户查找第三方提供的分析服务，正好找到一个可以用于评估词汇量的服务。该服务可以直接给定若干题目进行评估，若能提供学习者现有的背单词数据，评估将更准确。此时，该服务请求学习者共享其个人背单词数据。在严格的个人数据保护法规监管下，在门户中相关数据选择器和匿名化处理的帮助下，数据隐私风险降到最低，学习者有较大的信心共享数据。于是，通过第三方提供的评估服务，这位学习者得到了自己的词汇量评估报告。

同时，为了改善服务质量，单词记忆软件也需要获得用户的学习活动数字足迹。于是，单词记忆软件的提供商向所有用户发起数据请求，很大一部分用户在确保其数据隐私安全的情况下将数据分享给了软件提供商。软件提供商得到这些数据后，使用人工智能算法进行分析，从而完善软件功能，提升用户体验。

在这样的场景下，软件提供商、智能分析服务提供商、统一账号提供商和门户提供商都有清晰的位置。它们都能在遵从数据隐私保护法规的前提下按需获得数据。这是一个由数据要素驱动的生态系统，将当前以公司为核心的互联网模式转变为以用户为核心的模式。

利益相关者的诉求

我们可以基于以上场景，进行利益相关者的诉求分析。

用户需要无缝、连续和完整的服务

碎片化、不完整的个人数字足迹，无法为用户提供无缝、连续和完整的服务。如上述英语学习场景，理想的情况是：学习者记录在词典软件单词本中的单词，能够被单词记忆软件获取，从而支持单词记忆软件生成一个优化的背单词方案，如此才能为学习者提供更好的学习体验，提高其学习效率。我们可以称这种理想情况为学习者数据跟随，这在本质上要求学习者的学习活动数字足迹由分散走向统一（图 6-1）。

这个案例描绘的情形看似简单，但是我们仔细分析就会发现，要实现它，就得回应本章开头提出的三个问题：

- 数字足迹是谁的？

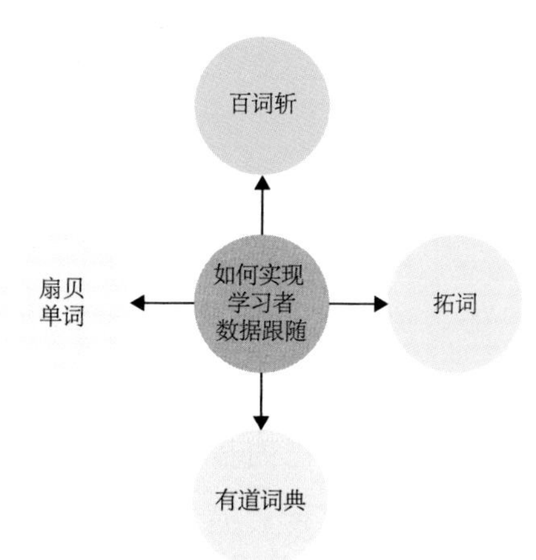

图 6-1 学习者数据跟随

- 数字足迹可以被谁使用？
- 数字足迹可以被怎样使用？

用户需要控制自己的数字足迹

如上所述，我们在词典软件中查阅单词的时候，实际上是在和数字世界交互，由此产生了信息。数字世界，更确切地说是词典软件的提供商，记录下交互信息，而源源不断的信息便构成了我们在该软件上的数字足迹。这些足迹是持续变化的，它们可能存在于网络上的某一台或多台服务器中。同理，当我们使用单词记忆软件的时候，我们的另外一份数字足迹就储存在了由单词记忆软件服务商控制的服务器中。

显然，我们的数字足迹是割裂的。如果把网络世界比作大海的话，那么我们每个人本该拥有的完整的数字足迹就好像被分割开，留在了大海中无数的海岛上。每一个海岛是一个王国，它们分别掌控着我们在该王国的数字足迹。它们的规模可大可小，权力却很大。其中小的王国可能是很小的服务平台，大的王国可能堪比大陆，是超级平台。

在这样的局面下，我们不是自己数字足迹的拥有者，无法掌控自己的数字足迹，哪怕只是将它们下载下来看一看、分析一下（参见本书第三章）。因此，我们也无法按照自己的意愿来使用自己的数字足迹，如要求在词典软件和单词记忆软件之间共享数据，从而获得更好的单词学习服务。

然而，一旦转变思路，让用户控制自己的数据，情况又会怎样？

第一，从无缝服务的角度看，若想各种网站、软件提供商相互之间开展协作，提供无缝服务，在技术上并非不可行。但是，在实际操作中将会遇到巨大的困难。首先，用户会不断地使用各种网站、软件。这些网站、软件在设计之初无法预知第三方的需求，无法协调数据互通的标准。随着用户交互的不断增加，这种问题将越来越复杂，用户的数字足迹仍将处于碎片状态。其次，由于处于碎片状态的个人数字足迹的所有权归属于网站、软件，它们之间进行数据共享将面临法律法规和公司战略等阻力。

实际上，用户数字足迹的主体是用户本人，应该让用户自己控制自己在各种网站、软件上的数字足迹。网站、软件不负责存储和维护这些数据，它们只是按照需求请求用户共享相关数字足迹用于分析。这样，各类网站、软件相互之间省去了直接交互的过程。在这种情况下，以后无论有多少网站、软件提供服务，只要用户允许它们访问自己的数据，就能实现数据的无缝提供。

第二，从个人隐私的角度看，用户控制了自己的数字足迹之后，就能在相关的计算机网络服务，包括个人数据存储服务、个人数据存储账号、数据访问权限控制、数字足迹门户等支持下，方便地选择可以公开和共享的数据。用户对于自己的数字足迹的访问和共享具有完全的自主性。可能有人担心，用户不公开、不共享怎么办。这种担心不无道理。不过，一些研究表明，很多用户还是期望通过共享数据来获得必要服务的（Symons et al., 2017）。

用户需要自主进行智能分析

我们可能期望通过个人数字足迹，结合人工智能技术来了解自己的数字生活情况，涉及衣、食、住、行、工作等各种场景。例如，学习者希望找到一位合适的本地英语学习伙伴。假设上述场景中的各种软件都没有提供社交功能，但是都提供了用户地理位置的数据采集功能。学习者如果通过个人数字足迹市场获得了其他人愿意共享和公开的地理位置数据（当然，数据的精度是由数据主体控制的，数据主体可以公开自己所在的城市数据，也可以公开自己所在的小区数据），就可以利用某些包含地理位置分析的人工智能程序来为自己寻找学习伙伴。

再如，一位青年教师在一所规模很大的大学工作，他希望在校园中找到能够开展合作的教师。校园中的教师们使用的学术资源服务平台五花八门，如果所有的个人数字足迹都由不同的服务提供商存储、控制，相关分析就很难展开。幸运的是，所有这些数字足迹都由用户自己控制，教师们都愿意公开和共享自己在学术资源服务平台上的数据。因此，这位青年教师只需要通过人工智能软件，就能很好地分析这些数字足迹，从而找到潜在的合作者。

智能分析服务提供商需要数据

在当今的数字经济体系中，大公司掌握着大量的用户数字足迹，它们根据业务需要成立相关的研发部门，开发人工智能算法，支撑业务发展。这样的模式一方面存在用户数据泄露的风险，另一方面存在垄断的危险。这种垄断直接体现在个人数字足迹的垄断上，可能会严重地制约其他初创公司和小公司的发展。

例如，或许有一种专门针对个人数字足迹进行分析的算法模型公司，它们专注于开发各种人工智能算法和软件，以提供咨询服务。这些公司面临的首要问题是，如何获取大量的个人数字足迹。由于数字足迹被用户控制，而大量用户为了满足自己的需求，可能会自愿公开和共享一部分数据，如此这类公司就可以开展各种创新的算法和模型研究。

平台需要减少数据管理压力

2018 年 5 月，欧盟出台《通用数据保护条例》(General Data Protection Regulation，GDPR)。《通用数据保护条例》是在个人隐私问题日益严峻的背景下制定的，旨在保护欧盟公民的个人数据，并对企业的数据处理提出严格要求。该条例取代了 1995 年的《计算机数据保护法》和欧盟成员国各自制定的相关法规，在个人数据隐私保护方面迈出了重要的一步。《通用数据保护条例》出台之后，全球多个国家或地区参考该条例制定了不同的数据保护细则。

《通用数据保护条例》出台以来，针对公司的罚款数量和金额不断攀升，公司在采集、处理和保护个人数据上面临重大的技术需求，特别是初创公司。在这样的背景下，未来可能出现用户数据存储技术服务提供商，而该技术服务提供商将遵循《通用数据保护条例》的原则，将个人数据的控制权归还给数据主体（也就是《通用数据保护条例》定义的自然人）。为了实现这样的数据存储，这些技术服务提供商可能会给用户分配一个统一的账号，这些账号将直接用于连接用户使用的各种网站和软件。

数字身份的发展及趋势

互联网的前身是阿帕网，当时这个网络主要用于科学家之间非常小范围的文档和信息传递。在这个极小范围内，科学家们彼此熟悉，相互信任。然而，当互联网崛起之后，网络上的用户数以亿计，用户之间建立良好的信任关系难度大增，就像 1993 年《纽约客》上彼得·施泰纳（Peter Steiner）那幅著名的漫画所呈现的一样，“在互联网上，没人知道你是一条狗”。随着人工智能的发展，人工智能模拟人类活动，让我们更加难以识别网络的另一端到底是什么。

一方面，数字足迹是我们在信息世界中进行交互时产生的信息，它涉及个人隐私问题；另一方面，当今数字经济需要利用大量的数字足迹分析，数字足迹对于经济活动举足轻重。在这样的背景下，各利益相关者就会争夺对于数字足迹的控制权。这种控制权是从数字身份开始的，为了方便理解，在此我用账号来代表数字身份。

总体上，数字身份系统可能的发展趋势如图 6-2 所示。

图 6-2　数字身份系统发展趋势

一个服务一套账号

通常，网站为了更好地提供服务，必须对用户进行管理，因此也就有了用户注册流程。可是这样的注册有时候会让人感觉烦琐。社会不停地发展，数字经济也不停地渗透到生活的方方面面，每天都有太多新的互联网服务出现。

我们每天都可能用到新的互联网服务，如果每一个服务都采用独立的注册机制，那么这将是一个非常麻烦的问题：第一，每次都要填写大同小异的注册信息；第二，每个服务的密码策略可能不一样，我们需要记住不同服务的账号和密码；第三，每次登录耗时耗力；第四，我们的数字足迹实际上分散在不同的服务提供商那里，我们自己无法控制；第五，当今的注册流程通常少不了填写手机验证码，而手机号码是我们最重要的私人信息之一。

在今天的互联网世界中，数不清的公司独立拥有数量不等的注册用户。这些用户在不同的网站和软件中留下足迹，如果不使用特别的数据汇集策略，这些数据就只能存在于分散的网站和软件中。同一个人在网络上的数字足迹被分割了，就如上述英语学习案例中的情况一样。

多个服务共享一套账号

鉴于一个服务一套账号造成了诸多不便，互联网上发展起了开放授权（Open Authorization，OAuth）技术。OAuth 是一套标准技术，可以让用户直接使用自己的某个网站或软件的账号来登录第三方网站或软件。这种情况在生活中随处可见。通常，这种 OAuth 登录服务都是由用户量极大的公司提供的。

OAuth 的原理可以用下面这个假想的案例来阐明。

有一个叫作数字国度的国家，这个国家的所有数字居民都有一个唯一的识别码（ID），只能由该国唯一一个机构颁发和管理，我们称之为管理局（Authorization，Aa）。这个识别码非常重要，不能随便暴露给其他人，否则可能导致个人信息泄露，引发人身和财产方面的安全隐患。

有一天，数字国度的一位居民小优（User）要到银行去开一个账户。他到了银行之后，银行接待员（Agent）说：

“请给我你的数字国度合法证明（Auth Code）。”理论上说，小优只要出示自己的ID就可以了，但是前面说过，ID涉及隐私，非常重要，所以小优不能就这么把自己的ID给接待员。于是，接待员将小优的事上报给了管理局。这时候小优可以向管理局出示自己的ID，管理局查看ID，验证了小优确实是合法的数字国度居民，然后给了小优一份根据其ID生成的数字国度合法证明。这份证明很有意思，根据它无法反推ID。于是小优拿着证明找到银行接待员。接待员收到证明后，开始了后续流程，将证明发给管理局。管理局收到证明，经过一番计算验证，发现这就是自己刚刚发给小优的，于是承认接待员的操作合法（得到了小优的允许，因为是小优将证明交给接待员的），并给了接待员一个授权码，允许其继续后续操作。

接待员收到授权码后，就到管理局的信息资源中获取关于小优的必要信息，如姓名、年龄、住址等，然后就可以为其开设银行账户了。整个流程如图 6-3 所示。需要说明的是，此图配合上面的例子，对其中的主体进行了简化，实际技术流程要比图中显示的复杂[①]，但思路大体相同。在整个开户过程中，用户始终不会透露重要的登录账号和密码信息。每次通过管理局授权登录的时候，获得的访问令牌是不一样的，而且一般有时间和资源访问范围的限制。

① 感兴趣的读者可以参阅相关标准（https://datatracker.ietf.org/doc/html/rfc7523）。

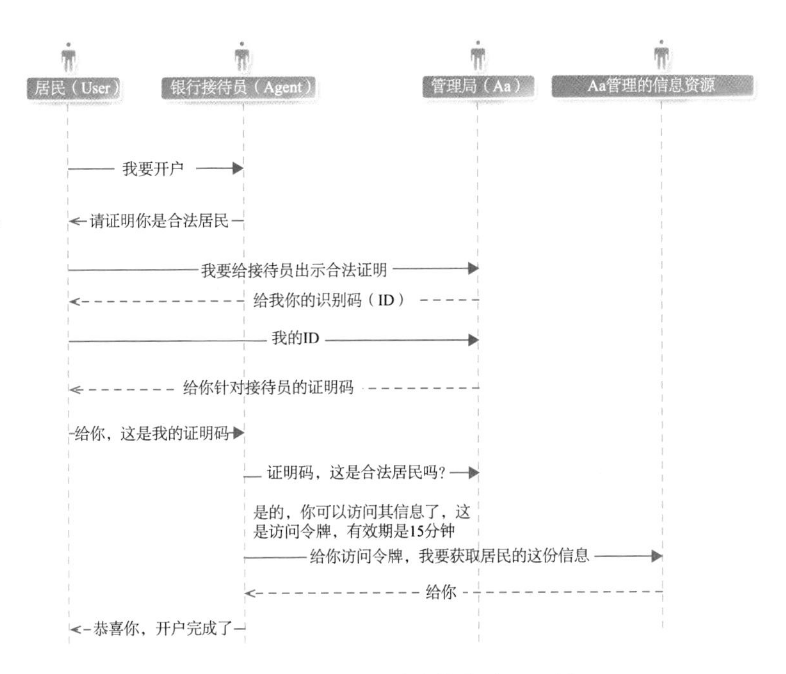

图 6-3 OAuth 技术简化流程示例

握在用户自己手中的数字身份

互联网上的每一个人都需要一个身份。由于互联网没有一个统一的身份系统，我们如果要很好地利用某个网站或软件提供的服务，就必须在上面注册一个账号，或者通过 OAuth 服务提供商共享账号。用户的身份信息分布在各个网站和软件中，而数字标识的任务则落到了各种服务提供商身上。在这样一种服务模式下，个人的账号具有以下特性。

- 非永久性。网站消失、网站的数据库系统发生故障导致信息丢失，诸如此类的情况都会导致用户账号消失或失效。

- 非通用性。账号只能在某个或某些允许共享账号的网站或软件中使用，对其他网站或软件无效。

- 不可自证性。网站或软件实际上无法证明使用某个账号的就是用户本人，用户自己也无法证明是不是本人在使用该账号。例如，用户把账号授权给自己的亲朋好友使用，或者账号被其他人盗用了。这会造成巨大的安全隐患。

- 脆弱性。我们在一个特定的网站或软件中注册的账号是一种中心化的身份系统，中心化的身份系统高度依赖控制端，是一种相对脆弱的系统，一旦出现故障或者制度问题，就极易造成安全问题。

在这样的身份系统下，我们的数字足迹会出现什么情况呢？

- 数字足迹被割裂。我们的数字足迹分布在互联网上不同的网站和软件之中，这些分裂的数字足迹成了一个个“信息孤岛”。

- 数字足迹不持久。由于数字身份不是持久的，我们在某个网站或软件中留下的数字足迹也不是持久的。那些消失的数字足迹很可能是我们视为珍宝的生活记录，如我们在微信朋友圈里分享的生活足迹。

- 数字足迹不由用户本人控制。数字足迹为数字服务提供商所拥有，数字足迹的使用权不在用户手上，它将怎么被使用，用户也无法得知。

- 数字足迹的分析权取决于控制权。没有得到相关法规以及数字足迹存储服务的允许，任何第三方都不能获取数字足迹并对其进行分析。但是，有时候我们需要获得一些数据服务，如前面对利益相关者的诉求分析所显示的那样，此时我们就需要允许第三方分析我们的数据。

因此，一个统一的、由用户控制的数字身份基础设施呼之欲出。这种身份系统称为“自我主权身份”（Self-Sovereign Identity，SSI），其关键的基础技术之一就是区块链（Blockchain）技术。

区块链

区块链是近几年备受政府部门、产业界、研究者乃至社会公众关注的重点创新领域。区块链是一种整合多种技术的重大技术和机制创新，正在改变互联网的结构和商业模式。本书不打算使用技术语言介绍区块链及价值网络（关于此话题，感兴趣的读者可参阅本丛书中的其他分册）。在这里，让我们先回到日常生活，来看看下面的案例。

在一个偏僻的小山村，有一位少年，他生性乐观开朗、乐于助人、信守承诺，这已经是村子里乡亲们的共识了。少年慢慢长大，他活动的范围也随之扩大，他依然乐观开朗、乐于助人、信守承诺，现在他已经是全县皆知的好青年了。

他长大成人了，开始了自己的人生，学着做生意。在做生意的过程中，人们一听说是他，就放心地和他合作，因为他已经有了一张“名片”：他是一个值得信任的人。

这种信任来自哪里？来自他对对方做出的承诺吗？来自他向对方做的游说吗？都不是，这种信任来自民间，来自他在成长过程中给所有人留下的印象。这种印象极为牢固，当合作伙伴为了更准确地了解他而到他曾经活动过的地方去调查的时候，每个人对他的印象都是一样的。甚至，当调查者故意编造一些不利于他的事的时候，被调查的人都表示不可能，说自己之前看到的事实、听到的消息表明这位青年很可靠，除非自己看到的、听到的都是假的。

这里体现了一种共识，一种由所有人建立的共识。他们一致认同关于这位青年品行的描述。要想改变这种共识几乎不可能。我们可以将每个了解这位青年的人当作一个“区块”，这个区块连接着其他的区块，他们将关于这位青年“值得信任”的品行“数据”固定在了区块之间的“链”上。要改变人们对于这位青年的看法，就需要改变大多数人的认知，重新建立区块之间的链条，然而，这样的代价太大了。

与上述案例相类似，区块链能够在彼此不认识的实体之间建立信任关系。区块链技术的这种信任机制，为构建全球网络身份提供了基础设施。我们可以将一个人为公众所知的特定信息（类似于案例中青年的品行信息），存放在区块链基础设施上（也可以称为去中心化基础设施）。过程是这样的：

青年A找到商人B做生意。A告诉B，我是A，我是个可靠的人，我有一份相关声明可以给您，您可以用区块链验证。B根据A给的声明到区块链上找一段信息，找到这段信息后，B根据声明文件中的方法使用这段信息生成了一段新的信息。新的信息跟 A 给 B 的声明中的信息一模一样，于是 B 相信了 A。

请体会这个过程和基于 OAuth 技术的过程的异同。可以说，自我主权身份系统中的个人身份属于个人和社会，而不属于某个特定的服务提供商。此外，个人身份可以基于加密方式来验证其归属。由于每个人都必然处于社会中，这种身份系统不受制于任何的第三方，因此人们用“自我主权”来描述它也就再合适不过了。这种彰显自我主权的身份是一种去中心化身份（Decentralized ID，DID）。国际著名的标准化组织万维网联盟（W3C）已经推出了去中心化身份标识（Decentralized Identifiers ，DIDs，也称分散式标识符）的相关规范。

用户需要将数字身份握在自己手中，这种数字身份的基础技术之一是区块链，实现方式之一是 DID。

去中心化身份

根据万维网联盟发布的规范（W3C，2021），DIDs 是一个由用户自主创建、拥有和控制的全局唯一标识符，不需要集中注册机构，因为它是在区块链的分布式账本或某种形式的分散网络中注册的。

关键概念：非对称加密

非对称加密（Asymmetric Encryption）技术为一个主

体同时生成两个密钥，一个称为公钥，一个称为私钥（图6-4）。私钥由主体持有，该主体必须确保私钥的私密性，绝不能让其他主体知晓。公钥是可以公开的密钥，任何其他主体都可以看到。

私钥　　公钥

图 6-4　公钥与私钥

图 6-4 是公钥和私钥的形象示例。任何人可以使用公开发布的公钥来加密信息。我们可以把加密的过程想象为将信息放到图中公钥的框中，这个框就像一个带齿轮密码的盒子。即便再次使用用于加密的公钥，也不能打开盒子，只有配合私钥的齿轮密码，才能够解开被加密的信息（图6-5）。

私钥　　公钥

图 6-5　用私钥解密经过公钥加密的内容

这有别于我们通常使用的密码加密技术（例如，我们加密压缩文件，使用同样的密码就可以打开）。由于私钥与公钥的区别，以及加密解密的这种特性，这种加密技术被人们称为非对称加密。

以下依然使用数字国度的案例来阐述 DID 系统的运行机制。如图 6-6 所示，使用 DID 系统时，用户为自己创建了一个ID，而不是依赖数字国度的管理局来颁发和管理。银行从基于区块链的分布式账本中获得用户的公钥信息，然后利用这个信息向用户发起验证请求，用户使用自己的私钥来解密银行验证请求中的数据，从而完成验证[①]。如此，银行信任了这名用户，为其办理开户业务。

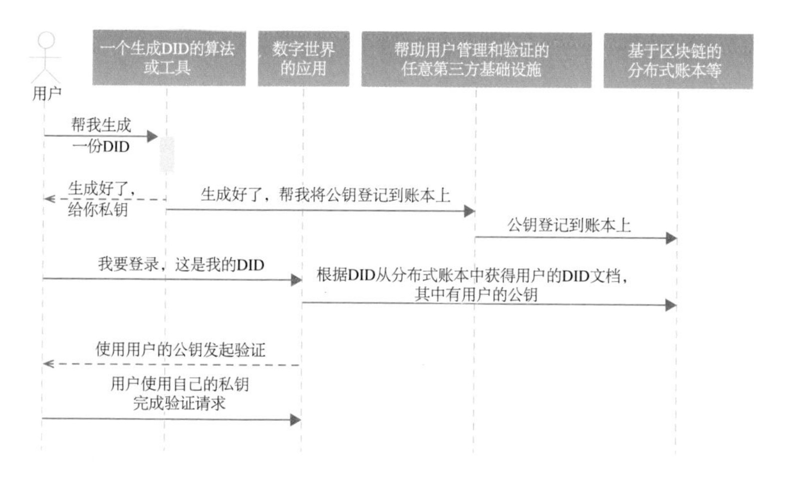

图 6-6　DID 系统的用户登录流程示例

DID 系统中的 ID 具有以下特点：

- 不依赖于任何一个我们所熟悉的网站或软件，而是依赖于某种基于区块链技术的分布式架构。
- 基于 ID 发展出一整套授权认证的生态。因为遵循标准规范，ID 持有人可以使用这个 ID 及其衍生的账户来访问各种网站或软件。

① 用户也需要对应用进行验证，这种验证同应用验证用户是一样的。因为，在 DID 系统中，应用和用户是等价的，都是一个实体，都需要在 DID 系统中注册自己的 DID，都需要公布其公钥。这里为了简化流程，省略掉用户对应用的验证。

● 无论哪个网站或软件都无法取代ID持有人对于ID的控制权。

总之，在DID系统中，ID是属于用户的，用户的ID可以在系统中注册的任何网站或软件上完成登录。而且，无论该网站或软件是否继续存在，由于分布式账本拥有牢固的基础，用户的ID是不会受到影响的。这就解决了现有账号系统存在的非永久性、非通用性、不可自证性、脆弱性等各种问题。

数字足迹存储的发展趋势

当每个人有了自己能够控制的数字身份之后，曾经分散在各个网站和软件中的数字足迹就有可能汇聚起来，且归用户自己控制。在这种情况下，数据应该存储在哪里？答案是，存储在个人数据存储（Personal Data Store，PDS）里。

关键概念：个人数据存储

PDS的目标是提供一种建立在互联网众多标准基础上的分布式个人数据存储和服务。PDS可以解决两方面的问题：（1）能够将用户在各种应用中的交互数据，特别是用户创造和整理加工的信息进行安全的集中管理。（2）可以为第三方提供服务，从而完成数据的共享和分发。但是，这些数据是由用户个人所有和控制的，应用只有在用户授权的前提下才能访问这些数据。

PDS使得用户分散在不同数字服务提供商后台里的数字足迹得以汇聚，得以被用户所控制。虽然有很多不同的技术和服务，比如去中心化身份基金会（Decentralized Identity Foundation，DIF）的身份枢纽（Identity Hub）、开放个人存储（Open PDS）、社交链接数据（Social Linked Data，Solid）、万数枢纽（Hub of All Things，HAT），但不可否认，PDS正在发展初期，还未被广泛采纳。下面重点介绍Solid、身份枢纽以及基于内容寻址（Content-addressable）三种技术。

Solid

Solid旨在让数据所有权归属于用户，并改善隐私问题。基于Solid可以实现前文所描述的未来的英语学习模式，因为Solid基于资源描述框架（Resource Description Framework，RDF）规范和W3C规范实现了以下三项重要功能。

自由的数字身份

在Solid体系中，用户可从数字身份提供商那里获得网络身份标识号（WebID），而网络ID独立于网络服务提供商。用户登录网站或使用软件的时候，直接使用他们的网络ID即可。如图6-7所示，我在电脑上搭建了一个演示系统[1]。https://fengxiang.localhost:8443即我在https://localhost:8443上获得的网络ID，我的用户名是

① 系统部署在我的电脑上，没有公网地址，不具备互联网访问的条件。因此，下文中带有“localhost”字样的地址如https://fengxiang.localhost:8443以及https://localhost:8443等无法在读者的浏览器中访问。

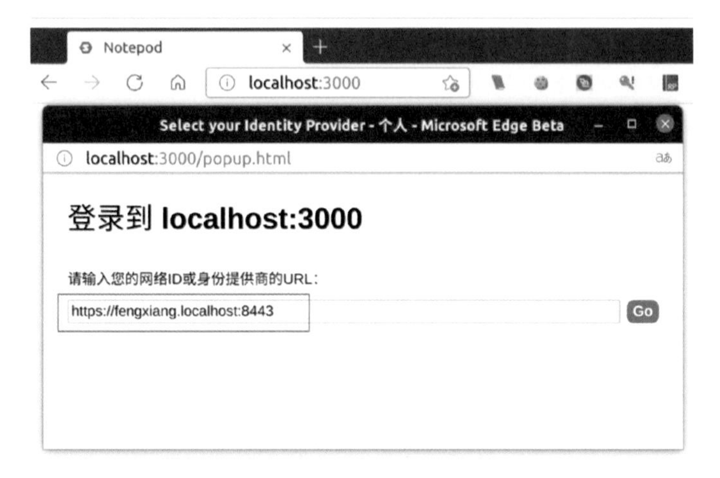

图 6-7 使用网络 ID 登录第三方 Solid 应用

注："Select your Identity Provider- 个人 -Microsoft Edge Beta "意为"选择您的身份提供者 - 个人 - 微软边缘浏览器测试版"。

fengxiang。该网络 ID 进一步同 Pod（Solid 体系中专门为个人提供数据存储的地方。根据 Solid 网站的说明，我们可以将 Pod 想象为一个部署在网上的 U 盘）绑定，在这个案例中，https://localhost:8443 同时也是一个 Pod 提供商。这就实现了一个用户只需要一个账号的愿景，其个人数据也存在于 Pod 中。

虽然网络 ID 的获取依然依赖于数字身份提供商（这一点与前文的去中心化身份不同），但由于这种提供商有很多，而用户基于 Solid 规范可以控制其数据，能够将数据分享给任何人，因此用户不会被锁定在特定的身份和 Pod 提供商上。比如，当某个提供商不再运营时，用户可以将与其关联的数据分享给自己的另一个网络 ID，而后一个网络 ID 来自其他身份提供商。

个人数据同网络服务提供商分离

提供商不再负责存储用户的数据，用户在同网站或软件交互过程中产生的数据遵循 Solid 规范存储在 Pod 上。如图 6-8 所示，左侧浏览器中显示的地址是 http://localhost:3000，展示的是一个笔记本应用；右侧浏览器中显示的地址是 https://fengxiang.localhost:8443，展示的是我在左侧笔记本应用中添加的笔记。这两个地址是完全独立的，它们之间的关系仅仅是：右侧为左侧提供用户个人数据存储。在 Solid 体系中，左侧的应用被称为 Solid 应用，右侧的则被称为 Pod。

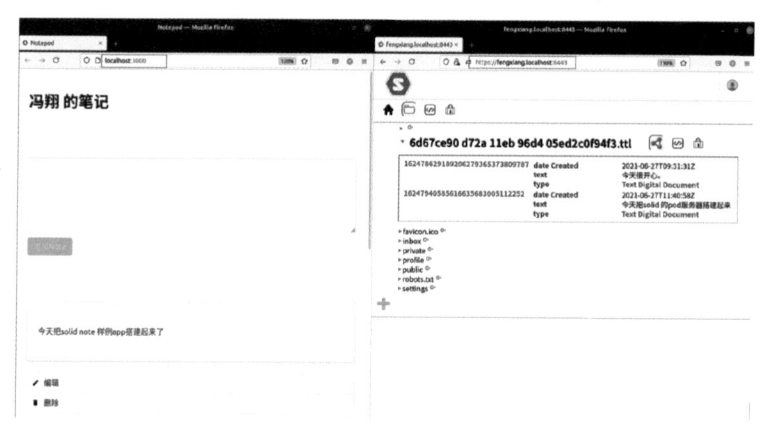

图 6-8　个人数据同网络服务提供商分离

控制个人数据

除了地址 http://localhost:3000 所展示的笔记本应用外，在 Pod 中，我们还可以设置哪些人、哪些应用可以访问上述数据。如图 6-9 所示，对于遵从 Solid 规范的应用，用户只需要针对特定数据授予其相应的访问权限即可。比如，对于标识为 6d67ce90-d72a-11eb-96d4-05ed2c0f94f3 的数据，可以在图中箭头所指的位置添加其他 Solid 应用的网址，以及配置读、写权限。

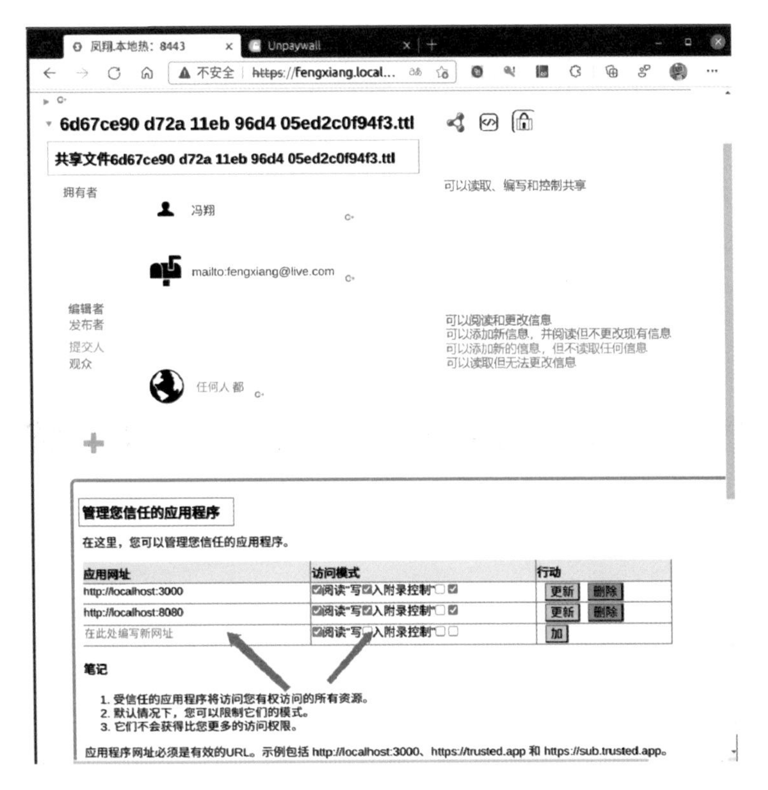

图 6-9 在 Solid Pod 中设置其他应用对数据的访问权限

身份枢纽

除了 Solid 之外，去中心化身份基金会的身份枢纽也可用以支持个人数据存储。其与 Solid 的区别在于，Solid 不是基于区域链技术的，而身份枢纽是以区块链技术为基础的。底层区块链技术可以为个人 ID 提供很好的支持，但是，它不适合用来存储个人数字足迹信息。这是因为一方面，受技术和成本限制，区块链还不适合存储大量数据；另一方面，在区块链上存储个人信息，与《通用数据保护条例》的要求不符。因此，需要采用其他方法来配合个人ID存储其数字足迹中的敏感信息。身份枢纽就是为了满足这样的需求而诞生的。用户可以授权枢纽中的数据被任意的人、应用、组织使用，可以记录使用情况。

目前，用户可以完全不依赖于任何第三方，自己部署一个属于自己的身份枢纽，并将其发布在互联网上的任何地方，类似于我们展示的地址https://fengxiang.localhost:8443所代表的Solid中的Pod。虽然Solid和身份枢纽的底层技术不太一样，但是二者展示出来的效果差不多，故以下不再展示具体的部署案例。

基于内容寻址

当前，在构建PDS过程中，基于内容寻址的去中心化文件系统如星际文件系统（InterPlanetary File System，IPFS）是一项值得关注的重要技术。

本书第二章介绍了一些信息存储技术。目前世界上最大的信息库其实就是网络。网络是一个天然的分布式系统，可以对数据进行很好的分布式存储，即便丢掉了一份，还会有其他的复制品。例如，我们绘制了一幅很好的图，将它发布到自己的博客上，并且放弃了对这幅图的所有权。很多欣赏这幅图的人会将它转发到各种不同的博客、论坛上。由于不同的网络地址隶属于不同的服务提供商，久而久之，这幅图就几乎再也不可能彻底删除了。

如果这幅图所在的博客、论坛的网络地址出于某些原因（如论坛关闭、服务停止）不能打开了，那么我们也就不能访问放在上面的那幅图了。另外一种情况就是，我们根据之前的地址去访问这幅图的时候，发现这根本就不是原来那幅图。

这其实反映了基于图片所在的服务商的位置（比如 http:// 某网址 / 我的图片.png）寻址的弊端：第一，我们的图片存在于不同的网络地址上，我们无法掌控；第二，这些地址一旦失效，我们将无法取回图片，依然无法掌控；第三，根据地址访问的图片可能根本就不是我们原来的那张图片，因为人们可以将任何图片命名为“我的图片.png”。当今互联网上的内容就是基于这样一种寻址机制，所有内容都有唯一的地址，内容和地址二者之间并没有本质的关联，它们之间的关联是人为赋予的。地址被人为地匹配到了内容上，因此不是恒定的，而是可变的。

而基于内容寻址技术则不同。它采用一种被称为哈希算法（Hash Algorithm）的技术来对内容进行计算，请看如下案例。

如图 6-10 所示，我的电脑中安装了一个进行哈希计算的软件，可以直接在文件属性中查看该文件的各种哈希算法计算出来的字符串。图中左侧是本书中的一张图片，右侧是在 Windows 文件管理器中打开该文件的属性后显示的哈希校验功能，我们可以看到 MD5、SHA-1、SHA-256、SHA-512 这几种哈希算法，每一种算法都能计算出不同的哈希值。比如MD5计算出的哈希值字符串就是：F6522578DE19B48D8E81C959FA5ACFA5。

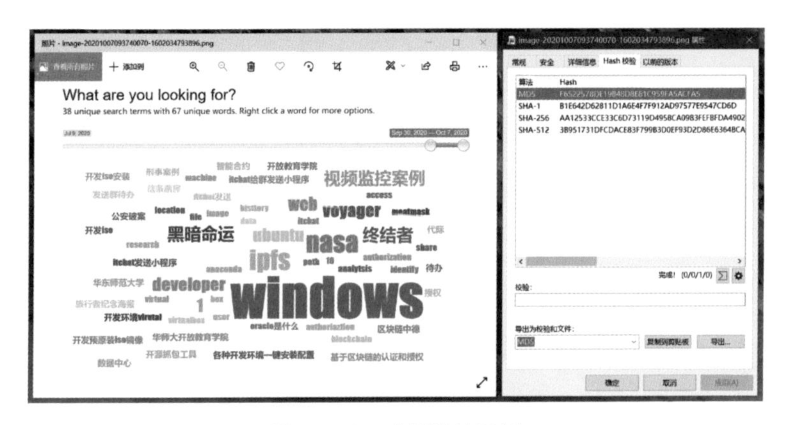

图6-10 哈希计算示例

然而，如图6-11所示，几乎是同样的图片，使用同样的文件名，计算出来的MD5哈希值却是：BD4EA1378303C20254639023A048A61C。您发现两张用来计算MD5哈希值的图片哪里不一样了吗？

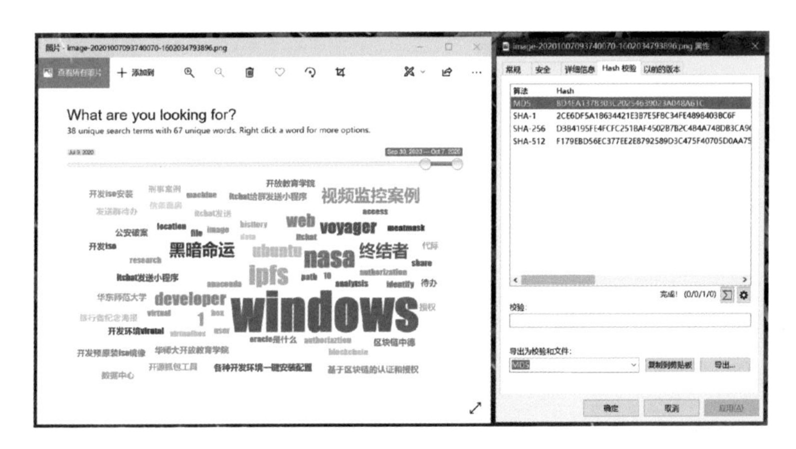

图6-11 哈希计算示例（内容略有改动）

哈希算法可以根据输入的内容生成一个长度固定、不可逆[1]且几乎不可能与其他不同输入得到的结果相重复的字符串。只要内容不变，这个字符串就不变；只要内容有一丝的变化，这个字符串就会改变。因此，这个字符串同内容之间建立了不可分离的强关联。基于内容寻址技术恰恰就是利用这样一种特性来寻址的，该技术不关心内容实际存储的物理或者网络位置，而只关心内容本身。

因此，整合区块链技术、去中心化身份技术和基于内容寻址技术，就有可能建立更加安全可靠的个人数据存储，将数字足迹的自主权交还给用户。

① 不可逆指的是根据所生成的字符串无法反推出输入的是什么。

参考文献

程岩，2011. 在线学习中基于群体智能的学习路径推荐方法 [J]. 系统管理学报，20 (2)：232–237.

拉塞尔，诺文，2002. 人工智能：一种现代方法（英文版）[M]. 北京：人民邮电出版社 .

刘典，2020. 加快数据要素市场运行机制建设 [N]. 经济日报，09–04 (12).

罗跃嘉，黄宇霞，李新影，等，2006. 情绪对认知加工的影响：事件相关脑电位系列研究 [J]. 心理科学进展，14 (4)：505–510.

申云凤，2019. 基于多重智能算法的个性化学习路径推荐模型 [J]. 中国电化教育 (11)：66–72.

ARNOUX P, XU A B, BOYETTE N, et al., 2017. 25 tweets to know you: a new model to predict personality with social media[Z/OL]. [2021–06–09]. https://arxiv.org/pdf/1704.05513.

COSTA P T，MCCRAE R R，1992. Revised NEO Personality Inventory (NEO PI-R) and Neo Five-Factor Inventory (NEO-FFI): professional manual [Z].Odessa, FL: Psychological Assessment Resources.

DORIGO M, MANIEZZO V, COLORNI A, 1996. Ant system: optimization by a colony of cooperating agents [J]. IEEE transactions on systems, man, and cybernetics, Part B (Cybernetics), 26 (1): 29–41.

FENG X, WEI Y J, PAN X L, et al., 2020. Academic emotion classification and recognition method for large-scale online learning environment: based on A-CNN and LSTM-ATT deep learning pipeline method [J]. International journal of environmental research and public health, 17(6): 1941.

KOSINSKI M, STILLWELL D, GRAEPEL T, 2013. Private traits and attributes are predictable from digital records of human behavior [C]. Proceedings of the National Academy of Sciences of the United States of America, 110 (15): 5802–5805.

LEE K, MAHMUD J, CHEN J L, et al., 2014. Who will Retweet this?: automatically identifying and engaging strangers on Twitter to spread information[C]// Proceedings of the 19th International Conference on Intelligent User Interfaces. Haifa, Israel: 247–256.

LERNER J S, LI Y, VALDESCOLO P, et al., 2015. Emotion and decision making[J]. Annual review of psychology, 66: 799–823.

LLOYD S, 2007. Programming the universe: a quantum computer scientist takes on the cosmos [M]. Reprint edition. New York: Vintage.

MIKOLOV T, CHEN K, CORRADO G, et al., 2013. Efficient estimation of word representations in vector space [Z/OL]. [2021–06–09]. https://arxiv.org/pdf/1301.3781.pdf.

MIKOLOV T, SUTSKEVER I, CHEN K, et al., 2013. Distributed representations of words and phrases and their compositionality [Z/OL]. [2021–06–09]. https://papers.nips.cc/paper/2013/file/9aa42b31882ec039965f3c4923ce901b-Paper.pdf.

PEKRUN R, GOETZ T, FRENZEL A C, et al., 2011. Measuring emotions in students' learning and performance: the achievement emotions questionnaire (AEQ)

[J]. Contemporary educational psychology, 36 (1): 36–48.

SYMONS T, BASS T, 2017. Me, my data and I: the future of the personal data economy[R/OL]. [2021–06–09]. https://apo.org.au/sites/default/files/resource-files/2017-09/apo-nid113751.pdf.

WU Y Y, KOSINSKI M, STILLWELL D, 2015. Computer-based personality judgments are more accurate than those made by humans[C]//PNAS. Proceedings of the National Academy of Sciences of the United States of America, 112 (4): 1036–1040.

W3C, 2021. Decentralized identifiers (DIDs) v1.0 [EB/OL]. [2021–06–09]. https://www.w3.org/TR/2021/CRD-did-core-20210430/.

ZHANG X T, WANG M C, HE L, et al., 2019. The development and psychometric evaluation of the Chinese Big Five Personality Inventory-15[J/OL].PLoS ONE, 14(8):e0221621[2021–11–20]. https://doi.org/10.1371/journal.pone.0221621.

后　记

我一直相信网络是给每个人的，……但网络已经演变成不公平和分裂的引擎……。我相信我们已经到了一个关键的临界点，这种强有力的改变是可能的，也是必要的，……给用户一个选择，让他们能够选择自己的数据存放在哪里，可以被谁访问，可以被哪些人使用。

——蒂姆・伯纳斯－李（Tim Berners-Lee）

我们珍视数字足迹带来的各种便利，也珍视自己的数字足迹。万维网发明人蒂姆・伯纳斯－李为此启动了Solid项目，微软为此开发了身份覆盖网络（Identity Overlay Network，ION），提供分布式个人身份系统。

在数字经济体系中，数字足迹依然是核心。因为社会活动、经济活动归根到底是人的交互活动，而这种交互活动无论是否在网络上进行，都需要对交互对象有更好的理解，这就要求我们获取和分析数字足迹。透过数字足迹，我们可以了解一个人的偏好，可以洞悉一个人的特征和需求。

但是，对于数字足迹的运用，可能要考虑换一种生态。在这种生态中，数字足迹隐私得到了充分的尊重和强力的保护，各种组件各司其职，顺畅协作。

- 用户是核心，用户同网站、软件交互，产生个人数字足迹，同时也掌控自己的数字足迹数据；
- 用户的身份由全社会确认，在技术基底层，这个社会可以是区块链或相似技术；
- 技术用户可以自己构建个人数据存储，非技术用户可以从某个服务提供商那里获得个人数字足迹存储服务。

软件只是工具，具备同样功能的不同软件，对于数据的处理会产生不同的效果，这种效果带给用户的好处和坏处，才是软件真正的价值所在。就好像我们选择用不同的运输工具运送同样的货物，会有不同的效果。一批只能常温保鲜 1 天的水果，如果用飞机运送 800 公里，只需要 2 小时左右，到达目的地后就可以顺利销售了。可如果我们选择用货车装运，走高速公路，基本上要 1 天，等水果运到目的地的时候已经无法销售了。

为了增强信息处理能力，让用户获得更好的效果，软件可以请求用户提供一些数据，而接到请求的用户也将通过共享数据，从软件中受益。

在这样的生态中，每个人都可以借助人工智能主动分析自己的数字足迹，或者授权第三方分析自己的数字足迹，而不是“被分析”而不自知。在这样的生态中，依然会有广告，但不会违背用户的意愿、招人反感。

我憧憬这样一种数字足迹的未来，并且深知要实现这样的生态有重重障碍；我期盼着在全社会的共同努力下，这样的愿景能够早日实现。

在写作本书的过程中，我得到了很多帮助。我要感谢华东师范大学教育学部副主任朱军文教授不辞辛苦，多次组织丛书作者团队进行编写交流，感谢丛书策划团队多位老师在书稿构思方面提出真知灼见。在讨论过程中，华东师范大学上海智能教育研究院院长袁振国教授给予了关键的指导，让我始终站在互联网用户的立场去思考。

书稿篇幅虽然不长，但是需要消化吸收的材料着实不少，这方面我要感谢我所在实验室的研究生，特别是魏尧佳和潘香霖两位同学。她们整理了很多资料，探索了不少区块链方面的内容，帮助开发软件原型来测试一些理念和想法，这些工作是本书中一些内容的基础。

本书于2020年年中开始撰写。2020年是一个特殊的年份，举国上下团结一心抗击新冠肺炎疫情，每个家庭都在奋斗和坚持，我和我的家人也不例外。父母的爱和支持给了我巨大的鼓舞；为了让我安心研究、安心写作，妻子虽然也很忙，但依然抽大量的时间照料和陪伴孩子；而五岁大的儿子也很懂事，尽量不打扰我，虽然他超级期盼我能陪他玩。感谢他们的理解、支持和付出。

最后，感谢读者朋友，谢谢您花费宝贵时间阅读本书，这将令我备受鼓舞。由于经验和水平有限，书中尚有许多不足之处，恳请读者朋友指正。

冯　翔

2021年岁末于上海